《矿山救护队标准化考核规范》
(AQ/T 1009—2021)
释　义

应急管理部矿山救援中心　编

U0313305

应急管理出版社

·北　京·

图书在版编目（CIP）数据

《矿山救护队标准化考核规范》（AQ/T 1009—2021）
释义/应急管理部矿山救援中心编． －－北京：应急管理
出版社，2022

ISBN 978 – 7 – 5020 – 9411 – 9

Ⅰ．①矿… Ⅱ．①应… Ⅲ．①矿山救护—质量标准—
考核—规范—注释—中国 Ⅳ．①TD77

中国版本图书馆 CIP 数据核字（2022）第 118279 号

《矿山救护队标准化考核规范》（AQ/T 1009—2021） 释义

编　　者	应急管理部矿山救援中心	
责任编辑	孟　楠	
责任校对	李新荣	
封面设计	罗针盘	
出版发行	应急管理出版社（北京市朝阳区芍药居 35 号　100029）	
电　　话	010 – 84657898（总编室）　010 – 84657880（读者服务部）	
网　　址	www. cciph. com. cn	
印　　刷	天津嘉恒印务有限公司	
经　　销	全国新华书店	
开　　本	710mm×1000mm$^1/_{16}$　印张　12$^1/_2$　字数　173 千字	
版　　次	2022 年 8 月第 1 版　2022 年 8 月第 1 次印刷	
社内编号	20221022　　　　　　定价　46.00 元	

本书编写委员会

主　　任　　陈奕辉　　邹维纲

副 主 任　　姚　勇　　王立兵

委　　员　　李树明　　宋先明　　王海峰　　王旭辉　　任晓东

主　　编　　李树明　　宋先明

编写人员　　刘士建　　宋　岩　　王海峰　　曾宪荣　　尤洪利

　　　　　　王锐利　　仲继军　　张海滕　　王善礼　　李　侠

前　言

　　党的十八大以来，以习近平同志为核心的党中央站在全局和战略的高度，把安全生产和应急管理工作摆在治国理政的突出位置。习近平总书记在主持中央政治局第十九次集体学习时发表重要讲话，就推进我国应急管理体系和能力现代化作出的全面论述，充分体现了以习近平同志为核心的党中央对应急管理工作的高度重视和关心关怀，也是新形势下矿山救护队伍建设发展的方向引领和精神动力。

　　矿山救护是矿山企业安全生产工作的重要组成部分，在各类矿山生产安全事故救援中发挥着重要作用。新中国成立后，矿山救护队建设发展即进入新的历史发展时期。1956 年，煤炭工业部颁布了《煤矿军事化矿山救护队战斗条例》，是矿山救护队标准化建设的早期实践。1988 年，煤炭工业部安全监察局颁发《军事化矿山救护队伍验收标准及评定办法》，标志着矿山救护队标准化建设已步入规范化轨道。2003 年，国家安全监管局（国家煤矿监察局）矿山救援指挥中心（现应急管理部矿山救援中心）成立，全面负责矿山救护队标准化建设工作。2007 年 10 月 22 日，国家安全生产监督管理总局批准的《矿山救护队质量标准化考核规范》（AQ 1009—2007）施行后，矿山救护队军事化、规范化建设水平进一步提高。2021 年 12 月 24 日，应急管理部发布修订《矿山救护队标准化考核规范》（AQ/T 1009—2021）。新规范对队伍的等级条件、考核标准、评分办法、装备类型及相关技术指标等作出调整，较好适应了矿山企业安全生产新形势，也符合应急管理体制改革后应急救援队伍建设的新要求。

我国自然灾害多发频发，灾害种类多、分布地域广，煤矿、非煤矿山企业生产安全事故时有发生，并且近些年矿山事故不断呈现新的特点，对矿山救护队的应急救援处置能力提出更高要求。为全面落实《矿山救护队标准化考核规范》，持续提升矿山救护队的综合应急救援能力，应急管理部矿山救援中心组织编写《〈矿山救护队标准化考核规范〉(AQ/T 1009—2021) 释义》，对照修订前的《矿山救护队质量标准化考核规范》，逐条解读了相关术语、定义、一般规定和考核标准及评分办法，条目清晰，简明扼要，易于理解，便于操作，具有较强的实用性。

希望本书对广大矿山救护指战员理解新规范、落实新标准提供有益帮助，共同推动矿山救护队伍标准化建设创新发展，持续提高矿山救护队的综合应急救援能力，积极助力矿山企业安全生产。

编　者

2022 年 7 月

目　　次

第1篇 概 述

矿山救护队伍开展标准化建设，是提高队伍管理水平、技术水平、装备水平、训练水平的重要举措和有力抓手，对于全面加强队伍建设和管理，大力提升队伍实战能力，积极助力企业安全生产发挥了重要作用。本篇内容主要述及《矿山救护队标准化考核规范》（以下简称《规范》）的修订背景、原则、主要内容。

1 《规范》修订背景

1.1 适应应急管理体制改革发展的需要

党的十八大以来，以习近平同志为核心的党中央高度重视安全生产工作。2018年3月，根据党的十九届三中全会审议通过的《中共中央关于深化党和国家机构改革的决定》，国务院成立应急管理部。应急管理体制改革后，国家应急救援力量建设的规模、标准和要求，提到一个新的历史高度。2019年11月29日，习近平总书记在主持中央政治局第十九次集体学习时发表重要讲话，就推进我国应急管理体系和能力现代化作出的全面论述，充分体现了以习近平同志为核心的党中央对应急管理工作的高度重视和关心关怀，也是新形势下矿山救护队伍建设的方向引领和精神动力。

1.2 提高队伍综合应急救援能力的需要

我国自然灾害种类多、分布地域广，矿山企业生产安全事故时有发生，局部地区甚至多发频发，且近年来出现的矿井顶板透水透沙、泥浆崩塌等新特点，对队伍的应急救援能力提出了更高要求。此外，适应"全灾种、大应急"形势需要，矿山救护队在隧道工程、密闭空间、地震地质灾害等领域应急抢险救援作用发挥突出，队伍从单一矿山事故救援向综合应急救援拓展也是形势所需。原《规范》经过10多年的实践运行，其人员、技术、装备的基本条件要求等方面与现实环境和任务需求已不相适应，亟须通过修订完善原《规范》，为提高矿山救护队综合应急救援能力提供建队依据和标准。

1.3 完善应急救援法规标准体系的需要

随着应急管理体制改革发展不断深入，相关法律法规正陆续出台或进一步修订完善，应急管理事业法制基础持续夯实。原《规范》作为强制性标准，在10多年的施行中对于持续加强矿山救护队建设，保持队伍的人员规模、装备技术、救援能力等发挥了重要作用，有力保障了企业安全生产。新的发展形势下，修订原《规范》既可以从标准层面高起点推进矿山救护队建设，也是健全完善应急救援法规标准体系建设的内在要求。

2 《规范》依据原则

2.1 坚持依法修订

以《中华人民共和国安全生产法》(主席令第88号)《生产安全事故应急条例》(国务院令第708号) 为依据，落实《煤矿安全规程》(应急管理部令第8号) 等有关规定，按照《矿山救护规程》(AQ 1008—2007)、《金属非金属矿山安全规程》(GB 16423—2020)等相关标准要求，遵照《标准化工作导则 第1部分》(GB/T 1.1—2020) 依法推进修订工作。原《规范》修订计划下达后，应急管理部矿山救援中心联合中国安全生产科学研究院组织相关单位专家成立了标准编制组，制定了标准编制计划，确定了编写工作分工，并讨论形成了标准基本框架。组织开展实地调研，并通过查阅国内相关文献、资料和技术研究成果，搜集了与矿山救护队相关的法律法规、国家标准及行业标准等，基本确定了标准的编制思路和主要内容。

2.2 坚持目标导向

立足提高矿山救护队救援实战能力，积极服务矿山企业安全生产，是修订原《规范》的根本出发点和落脚点。修订中充分结合了矿山生产安全事故救援工作的特点规律，结合了队伍开展事故救援存在的问题不足和短板弱项，体现了矿山救援工作新技术新装备新要求。《规范》是矿山救护队全面建设的基本依据，适用于各类煤矿及金属非金属矿山救护队标准化建设。

2.3　坚持基层至上

《规范》起草过程中，编制组高度重视基层的意见建议，不但把标准化考核工作实践中了解掌握的突出问题和意见进行了研究吸纳，还通过调研座谈先期征求了省级应急管理部门、矿山安全监察机构、矿山企业及矿山救护队的合理化意见建议。《规范》征求意见稿形成后，编制组先后在安徽、四川、湖南召开了华东、西南、中南片区座谈会，并分别选择山东、贵州和广东省各 2 支队伍进行《规范》实测，之后根据征求意见和实测情况对《规范》进行修改完善。在此基础上，组织相关专家在北京召开标准研讨会，进一步研究修改完善《规范》，形成了送审稿。

3　《规范》主要内容

本标准共包括 6 个部分，分别为范围、规范性引用文件、术语和定义、一般规定、标准化考核标准及评分办法。本文件代替《矿山救护队质量标准化考核规范》（AQ 1009—2007），与 AQ 1009—2007 相比，除结构调整和编辑性改动外，主要技术变化如下：

（1）本标准规定了矿山救护队标准化考核的一般规定、矿山救护大队标准化考核标准及评分办法、大队所属中队、独立中队标准化考核标准及评分办法。

（2）本标准的术语和定义均是遵照相关国家标准或相关学术书籍中所提及的定义、概念而提出的，主要有矿山救护队、矿山救护指战员、矿山救护指挥员、演习巷道、火区、风障和高温浓烟演习。

（3）一般规定中就矿山救护大队、大队所属中队和独立中队标准化考核规范的分数、评分方法、考核等级及标准化考核等级的管理内容进行了规定。矿山救护大队标准化考核包括组织机构（8 分）、技术装备与设施（10分）、业务培训（6分）、综合管理（6分）和所属中队（70分，百分制得分乘以70%）共五个大项，满分为100分；大队所属中队和独立中队标准化考核包括队伍及人员（10分）、培训与训练（7分）、装备与设施（17分）、业务工作（15分）、救援准备（5分）、医疗急救（5分）、技术操作（13分）、综合体质（10分）、军事化操练（8分）、日常管理（10分）共十项，满分为100分；矿山救护队标准化考核分为一级、二级、三级共三个等级（取消了特级），并明确了三个等级须具备的具体条件；矿山救护队依托单位（企业）需将矿山救护队标准化工作与矿井标准化工作同规划、同考核、同总结、同奖惩，并纳入本单位（企业）标准化建设中。

（4）明确了矿山救护大队标准化考核标准及评分方法。主要从大队组织机构、技术装备与设施、业务培训和综合管理四个方面，对大队标准化考核进行规定。矿山救护大队标准化考核得分＝前四大项得分之和＋所属中队得分×70%；矿山救护大队标准化考核时，对全部所属中队或随机抽取1～2个所属中队进行考核，平均得分为所属中队得分。

（5）明确了大队所属中队、独立中队标准化考核标准及评分方法。主要从队伍及人员、培训与训练、装备与设施、业务工作、救援准备、医疗急救、技术操作、综合体质、军事化操练和日常管理10个方面进行考核规定。大队所属中队和独立中队标准化考核得分为10项得分之和，大队所属中队和独立中队标准化考核的10个项目应全部考核。每个项目包含若干小项，除规定可采取抽小项考核外，其他均应逐小项考核。每个项目，在逐小项考核时，按实际扣分计算，该项标准分扣完为止。在抽小项考核时，按该项标准分乘以该项总扣分率计算该项总扣分值，该项总扣分率等于该项中实际抽查小项扣分率的平均值。

（6）《规范》修订期间，落实国务院简政放权要求，由过去的强制性标准改为推荐性标准，标准本身的效力虽作了调整，但《矿山救护规程》（AQ 1008—2007）中明确矿山救护队开展标准化考核为必须落实的重要工作。

　　本标准提出的技术措施是在充分收集、调研、论证基础上研究提出的，既满足了矿山救护队当前建设实际需求，也反映了矿山救援技术的最新研究成果，因此本标准在技术上是适用的。保护矿山救护队员，提高矿山救援能力是企业应尽的责任，本标准实施在社会层面也是可行的，必将持续提高队伍的综合应急救援能力，积极助力企业安全生产。

　　本标准适用于县级及以上矿山救援管理机构开展矿山救护队标准化考核工作。

第2篇 释 义

1 范围

本文件规定了矿山救护队标准化考核的一般规定、矿山救护大队(以下简称大队)标准化考核标准及评分办法、大队所属中队和独立中队标准化考核标准及评分办法。

本文件适用于县级及以上矿山救援管理机构开展矿山救护队标准化考核工作。

【释义】本条是关于《矿山救护队标准化考核规范》适用范围的规定。

本条对原《规范》中的范围进行了修订,增加了"独立中队"标准化考核标准及评分办法,增加了"县级及以上矿山救援管理机构开展矿山救护队标准化考核工作"适用范围。与原《规范》相比,文件名称中删除了"质量"两字。

标准化的职能较广,它是单位各方面的管理、各类人员的岗位、各种物料均实行标准化、规范化、系统化的管理。标准化工作要求符合权威性、科学性、群众性、连贯性、系统性和明确性的原则要求。

质量标准化局限性小,质量标准化只是确定产品、过程或服务的质量方针、质量目标及质量标准。质量标准化是指产品满足"性能、寿命、可靠性、安全性、经济性、可销性"的要求,使服务质量满足"功能性、经济性、安全性、时间性、舒适性、文明性"的原则要求。

2 规范性引用文件

本文件没有规范性引用文件。

【释义】《标准化工作导则 第1部分：标准化文件的结构和起草规则》（GB/T 1.1—2020）规定："规范性引用的文件构成了引用它的文件中必不可少的条款。"所以，文件一经被标准引用，即构成标准的一部分，具有与标准同等的效力。此次《规范》中没有规范性引用文件。

本条对《规范》中的规范性引用文件进行了修订，删除了原《规范》中引用的《矿山救护规程》（AQ 1008—2007）和《煤矿安全规程》（2006年版）的相关内容。

3 术语和定义

下列术语和定义适用于本文件。

3.1 矿山救护队 mine rescue team

处理矿山事故的专业应急救援队伍，实行标准化、准军事化管理和24 h值班。

3.2 矿山救护指战员 commander and rescuer of mine rescue

矿山救护指挥员和队员的统称。

3.3 矿山救护指挥员 commander of mine rescue

矿山救护队担任副小队长及以上职务人员、技术负责人的统称。

3.4 演习巷道 tunnel for exercising

供矿山救护队演习训练的地下巷道或地面封闭构筑物。

3.5 风障 air brattice

在矿井巷道或工作面内调整风流的设施。

3.6 高温浓烟训练 high temperature smoke exercise

矿山救护队在演习巷道内模拟高温浓烟环境开展的演习训练。

【释义】本条是对矿山救护队、矿山救护指战员、矿山救护指挥员、演习巷道、风障、高温浓烟训练等术语进行定义。

矿山救护队是处理矿井火、瓦斯、煤尘、水、顶板等各种灾害事故的专业队伍，是职业性、技术性组织。

职业性是指矿山救护指战员以抢险救灾为中心任务，严格管理、严格训练，时刻保持高度警惕，每天不少于 2 个救护小队执行 24 h 值班。当矿井发生事故时，接到事故通知后，在规定时间内出动，赶赴事故矿井救援。

技术性是指矿山救护指战员必须了解矿山安全生产基础知识和安全生产法律法规要求，熟悉各种救援装备的性能、构造和维护保养方法，能够熟练操作技术装备和仪器，掌握处理矿山灾害过程中需要的技术操作、医疗急救及灾害事故处置方法。

矿山救护指挥员包括大队指挥员、中队指挥员、小队指挥员。矿山救护大队指挥员指的是从事矿山救护工作的救护大队大队长、副大队长、政委、副政委、书记、副书记、总工程师、副总工程师、职能科室负责人和工程技术人员等。矿山救护中队指挥员指的是从事矿山救护工作的救护中队中队长、副中队长、中队指挥员/书记、技术负责人和工程技术人员等。矿山救护小队指挥员指的是从事矿山救护工作的救护小队小队长和副小队长。

本条对原《规范》中的术语和定义进行了修订，删除了井下基地、火区、人工呼吸、氧气呼吸器校验仪、氧气充填泵、自动苏生器、高泡灭火、热成像仪的术语和定义，增加了矿山救护指战员、高温浓烟训练的术语和定义。

4 一般规定

4.1 按照矿山救护队建制，矿山救护队标准化考核分为大队考核（含所属中队）和独立中队考核。

【释义】本条明确了矿山救护队标准化考核分为大队考核（含所属中队）和独立中队考核。

应急管理部矿山救援中心负责全国矿山救护队标准化考核的组织管理工作。

省（区、市）应急管理部门、国家矿山安全监察局省级局矿山救援管理机构负责本地区矿山救护队标准化考核的组织管理工作。省级矿山救援管理机构可分头组织开展考核，也可组成联合考核组共同组织，应避免重复考核。

本条为新增加内容。

4.2 大队和独立中队标准化考核采用每项单独扣分的方法计分，标准分扣完为止。

【释义】本条是对矿山救护队标准化考核计分办法进行了规定。本条对原《规范》4.2进行了修订，增加了独立中队标准化考核计分方法。

【案例】某救护大队有3个救护中队，9个救护小队。

应急管理部矿山救援中心对该队进行标准化考核时，发现该大队组织机构不符合规定：未设置培训业务科室，只有大队长1人，总工程师1人，缺2名副大队长和1名副总工程师，其他内容均符合标准要求。该项标准分为8分，评分办法规定业务科室少1个扣2分，每缺1名大队指挥员扣3分，应扣11分。标准规定采用每项单独扣分的方法计分，标准分扣完为止。该项最多扣8分，11分＞8分，即该队该项得分为0分。

4.3 大队标准化考核包括组织机构（8分）、技术装备与设施（10分）、业务培训（6分）、综合管理（6分）和所属中队（百分制得分乘以70%）共5个大项，满分为100分。大队标准化考核得分＝前四大项得分之和＋所属中队得分×70%。大队标准化考核时，对全部所属中队或随机抽取1~2个所属中队进行考核，平均得分为所属中队得分。

【释义】本条是对矿山救护大队考核项目、项目定分及得分计算方法进行了规定。本条对原《规范》4.2进行了修订，调整了大队考核项目分值的分配。原《规范》规定大队质量标准化考核得分＝前四项分数之和＋所属各矿山救护中队质量标准化考核平均得分×60%，而新修订《规范》规定大队标准化考核得分＝前四大项得分之和＋所属中队得分×70%。

（1）大队标准化考核得分＝前四大项得分之和＋所属中队得分×70%。

$$D = G + S + X + L + Z \times 70\% \qquad (2-1)$$

式中　D——大队标准化考核得分；

　　　G——组织机构得分；

　　　S——技术装备与设施得分；

　　　X——业务培训得分；

　　　L——综合管理得分；

　　　Z——所属中队平均得分。

【案例一】在对大队所属三个中队的考核中：一中队得分93分，二中队得分92分，三中队得分97分。则大队所属中队标准化考核得分 = （93 + 92 + 97）÷3 ×70% = 94 ×70% = 65.8分。

若该大队前四大项分数之和为27分，那么该大队标准化考核得分 = 27 + 65.8 = 92.8分。

（2）对全部所属中队或随机抽取1～2个所属中队进行考核，平均得分为所属中队得分。

$$Z = \frac{\sum_{i=1}^{n} Z_i}{n} \qquad (2-2)$$

式中　Z——所属中队平均得分；

　　　Z_i——抽查中队得分；

　　　n——抽查中队个数（$n = 1, 2$）。

【案例二】某大队所属7个中队，在对大队所属中队考核中，抽查2个中队。其中：一中队得分92分，三中队得分94分，中队标准化考核得分 = （92 + 94）÷2 = 93分；大队所属中队标准化考核得分 = 93 ×70% = 65.1分。

4.4　大队所属中队和独立中队标准化考核包括队伍及人员（10分）、培训与训练（7分）、装备与设施（17分）、业务工作（15分）、救援准备（5分）、医疗急救（5分）、技术操作（13分）、综合体质（10分）、准军事化操练（8分）、日常管理（10分）共10项，满分为100分。大队所属中队和独立中队标准化考核得分为10项得分之和。

大队所属中队和独立中队标准化考核的 10 个项目应全部考核。每个项目包含若干小项，除规定可采取抽小项考核外，其他均应逐小项考核。每个项目在逐小项考核时，按实际扣分计算，该项标准分扣完为止；在抽小项考核时，按该项标准分乘以该项总扣分率计算该项总扣分值，该项总扣分率等于该项中实际抽查小项扣分率的平均值。

大队所属中队和独立中队标准化考核时，业务知识和准军事化操练由 2 个及以上小队集体完成，其他项目以小队为单位独立完成。2 个以上小队完成同一项目，小队平均得分为该项目中队得分。

【释义】本条对大队所属中队和独立中队的标准化考核内容及评分办法进行了规定；对标准化考核时哪些项目由 1 个小队单独完成，哪些项目由 2 个或 2 个以上小队集体完成进行了规定；对大队所属中队和独立中队的考核项目、计分方法进行了规定。本条对原《规范》4.3 进行了修订，调整了中队考核项目分值的分配，提出了"扣分率"的概念，明确了业务知识和准军事化操练考核时对小队数量的要求。

【案例】在对某大队所属中队或独立中队进行标准化考核时，业务知识、准军事化操练由 2 个小队人员参加或全中队人员参加，所有参加人员的平均得分为该中队该项目得分。其他项目可由 1 个小队单独完成，小队平均得分为该项目中队得分。某小队共有 9 名队员进行仪器操作项目考核时：

（1）若 9 名队员对 10 件仪器（正压氧气呼吸器、氧气瓶更换、2 h 正压氧气呼吸器更换、自动苏生器、氧气呼吸器校验仪、光学瓦斯检定器、多种气体检定器、氧气便携仪、压缩氧自救器、灾区电话）全部进行考核。

1 号队员：合计扣分：2.5 分。

2 号队员：合计扣分为 2.5 分。

3 号 ~9 号队员：合计扣分均为 2 分。

那么小队所有人员的平均扣分 = (2.5 + 2.5 + 2 × 7) ÷ 9 = 2.11 分，即该中队仪器操作合计扣分为 2.11 分，该中队仪器操作得分 = 10 − 2.11 = 7.89 分。

（2）若9名队员随机确定4种仪器进行考核（光学瓦斯检定器、自动苏生器、压缩氧自救器、4 h正压氧气呼吸器）。

1号队员：4种仪器扣0.8分，扣分率 = 0.8 ÷ (1 + 1 + 1 + 1) = 0.2。

2号队员：4种仪器扣1分，扣分率 = 1 ÷ (1 + 1 + 1 + 1) = 0.25。

3号队员：4种仪器扣1分，扣分率 = 1 ÷ (1 + 1 + 1 + 1) = 0.25。

4号、5号、6号、7号、8号、9号均各扣1分，扣分率为0.25。

则该小队总扣分率 = (0.2 + 0.25 × 8) ÷ 9 = 2.2 ÷ 9 = 0.24。该小队该项总扣分值 = 10 × 0.24 = 2.4分。该中队仪器操作得分 = 10 - 2.4 = 7.6分。

（3）若9名队员中只对5名队员进行了考核，且5名队员随机确定了4件仪器考核。

1号队员：合计扣分0.8分，扣分率 = 0.8 ÷ (1 + 1 + 1 + 1) = 0.2。

2号队员：合计扣分1分，扣分率 = 1 ÷ (1 + 1 + 1 + 1) = 0.25。

3号队员：合计扣分2分，扣分率 = 2 ÷ (1 + 1 + 1 + 1) = 0.5。

4号、5号队员：合计扣分均为1分，扣分率 = 1 ÷ (1 + 1 + 1 + 1) = 0.25。

6号~9号队员均为扣4分，扣分率 = 4 ÷ (1 + 1 + 1 + 1) = 1。

则该小队总扣分率 = (0.2 + 0.5 + 0.25 × 3 + 1 × 4) ÷ 9 = 0.61。该小队总扣分 = 10 × 0.61 = 6.1分。该中队仪器操作得分 = 10 - 6.1 = 3.9分。

4.5 矿山救护队标准化考核分为3个等级，分别为一级、二级、三级，如果未达到60分，则不予评级，应限期整改，等级评级要求如下。

【释义】本条对矿山救护队标准化考核等级进行了规定。原《规范》中矿山救护大队、独立中队质量标准化考核分为4个等级：特级：总分90分以上（含90分）；一级：总分85分以上（含85分）；

一级：总分 80 分以上（含 80 分）；三级：总分 75 分以上（含 75 分）。质量标准化考核 75 分以下，必须限期整改。修订后的《考核规范》矿山救护队标准化考核分为 3 个等级，分别为一级、二级、三级，其中一级为 90 分及以上、二级为 80 分及以上、三级为 60 分及以上，且均需具备必备条件；如果未达到 60 分，则不予评级，应限期整改。

　　a）一级，总分 90 分及以上，且具备以下条件。

　　1）大队建制且建队 10 年及以上，考核前 3 年内无救援违规造成自身死亡事故。

　　2）大队由不少于 3 个中队组成，所属中队由不少于 3 个小队组成。小队由不少于 9 名矿山救护指战员（以下简称指战员）组成。

　　3）大队、大队所属中队、小队和个人的装备与设施得分分别不低于相应项目标准分的 90%。

　　4）具有模拟高温浓烟环境的演习巷道、面积不少于 500 m² 的室内训练场馆、面积不少于 2000 m² 的室外训练场地。

　　5）大队、大队所属各中队矿山救护指挥员（以下简称指挥员）及其小队实行 24 h 值班。

　　【释义】本条是对一级矿山救护队应具备的条件及得分进行了规定。

　　一级：总分 90 分及以上，且同时具备以下条件，否则，不得被评定为一级。

　　（1）矿山救护队是大队建制，且成立 10 年及以上，考核年度前 3 年内没有因违章指挥或违章作业而发生的自身死亡事故。

　　（2）大队由 3 个及以上中队组成，大队所属中队均有 3 个及以上小队组成，每个小队均不少于 9 名指战员。

　　（3）考核时，大队、大队所属中队、小队和个人装备与设施得分分别不低于相应项目标准分的 90%，否则，不得评定为一级。

　　（4）具有能够供矿山救护队在 30 ℃ 以上、能见度不超过 5 m 的环境条件下进行演习训练的地下巷道或地面封闭构筑物，有面积不少于 500 m² 的室内训练场，有面积不少于 2000 m² 的室外训练场（包括训练器械和设施）。

（5）大队、大队所属各中队矿山救护指挥员及其小队实行 24 h 值班，并有值班制度与原始记录。

【案例】 大队技术装备与设施项目标准分为 10 分，若考核得分为 8 分，低于该项目标准分的 90%，则该大队就不得评为一级。

b）二级，总分 80 分及以上，且具备以下条件。

1）建队 5 年及以上，考核前 2 年内无救援违规造成自身死亡事故。

2）大队由不少于 2 个中队组成，所属中队由不少于 3 个小队组成；独立中队由不少于 4 个小队组成。大队和独立中队所属小队由不少于 9 名指战员组成。

3）大队、独立中队、大队所属中队、小队和个人的装备与设施得分分别不低于相应项目标准分的 80%。

4）具有模拟高温浓烟环境的演习巷道、面积不少于 300 m² 的室内训练场馆、面积不少于 1200 m² 的室外训练场地。

5）大队、独立中队、大队所属中队指挥员及其小队实行 24 h 值班。

【释义】 本条是对二级矿山救护队应具备的条件及得分进行了规定。

二级：总分 80 分及以上，且同时具备以下条件，否则，不得被评定为二级。

（1）建队 5 年及以上，考核年度前 2 年内没有因违章指挥或违章作业造成自身死亡事故。

（2）大队由 2 个及以上中队组成，大队所属中队均由 3 个及以上小队组成，独立中队由 4 个及以上小队组成，每个小队不少于 9 名指战员。

（3）考核时，大队、大队所属中队、小队和个人装备与设施得分分别不低于相应项目标准分的 80%。

（4）具有能够供救护队在 30 ℃以上、能见度不超过 5 m 的环境条件下进行演习训练的地下巷道或地面封闭构筑物，有面积不少于 300 m² 的室内训练场馆和面积不少于 1200 m² 的室外训练场，并有器械和设施。

（5）大队、独立中队、大队所属中队指挥员及其小队实行 24 h 值班，并有值班制度与原始记录。

【案例】大队技术装备与设施项目标准分为 10 分，若考核得分为 7 分，低于该项目标准分的 80%，则该大队就不得评为二级。

c）三级，总分 60 分及以上，且具备以下条件。

1）建队 1 年及以上。

2）大队由不少于 2 个中队组成，所属中队由不少于 3 个小队组成；独立中队由不少于 3 个小队组成。大队和独立中队所属小队由不少于 9 名指战员组成。

3）大队、独立中队、大队所属中队、小队和个人的装备与设施得分分别不低于相应项目标准分的 60%。

4）具有演习巷道、室内训练场馆、面积不少于 800 m² 的室外训练场地。

5）大队、独立中队、大队所属中队指挥员及其小队实行 24 h 值班。

【释义】本条对三级救护队应具备的条件及得分进行了规定。本条对原《规范》4.4 进行了修订，修改了考核等级设置，考核等级由四级改为三级，增加了矿山救护队达到各等级的前置条件。

三级：总分 60 分及以上，且同时具备以下条件，否则，不得被评定为三级。

（1）建队 1 年及以上。

（2）大队由 2 个及以上中队组成，大队所属中队由 3 个及以上小队组成，独立中队由 3 个及以上小队组成，每个小队不少于 9 名指战员。

（3）考核时，大队、大队所属中队、小队和个人装备与设施得分分别不低于相应项目标准分的60%。

（4）具有能够供救护队进行演习训练的巷道，有室内训练场馆和面积不少于800 m²的室外训练场，并有器械和设施。

（5）大队、独立中队、大队所属中队指挥员及其小队实行24 h值班，并有值班制度与原始记录。

【案例】大队技术装备与设施项目标准分为10分，若考核得分5分，低于该项目标准分的60%，则该大队就不得评为三级。

4.6 应当按规定定期组织开展矿山救护队标准化考核。

【释义】应当按规定定期组织开展矿山救护队标准化考核（见4.7）。

4.7 矿山救护队标准化考核等级实行动态管理。标准化考核等级按规定对社会公布。

【释义】原《规范》4.5和4.6规定矿山救护队应每季度组织一次达标自检，矿山救护大队（独立中队）每季度组织一次达标检查，省级矿山救援指挥机构应每年组织一次检查验收，国家矿山救援指挥机构适时组织抽查，凡被评为特级、一级、二级和三级的矿山救护大队（独立中队），由国家矿山救援机构命名，凡被评为特级、一级、二级和三级的矿山救护中队，由省级矿山救援机构命名，当年发生自身伤亡事故的矿山救护队质量标准化考核等级应降低一级。修订后的《规范》4.6和4.7规定应当按规定定期组织开展矿山救护队标准化考核，矿山救护队标准化考核等级实行动态管理，标准化考核等级按规定对社会公布。

《规范》发布后，应急管理部矿山救援中心即开始组织编制《矿山救护队标准化考核管理办法》，待该办法正式施行后，按照新规定组织开展矿山救护队标准化考核工作，全面提高矿山救护队整体建设水平。

4.8 矿山救护队依托单位需将矿山救护队标准化工作与矿井标准化工作同规划、同考核、同总结、同奖惩，并纳入本单位标准化建设中。

【释义】本条是对矿山救护队标准化工作应纳入企业标准化建设

进行了规定。

本条对原《规范》4.7进行了修订，把矿山救护队的标准化工作应与单位（企业）矿井标准化工作"同布置、同检查、同总结"完善为"同规划、同考核、同总结、同奖惩"。

5　大队标准化考核标准及评分办法

5.1　组织机构（8分）

5.1.1　组织机构考核标准要求如下。

a）大队设大队长1人，副大队长2人，总工程师1人，副总工程师1人。大队指挥员人数不应少于5人。

b）大队指挥员应熟悉矿山救援业务，具有相应矿山专业知识，熟练佩用氧气呼吸器，从事矿山生产、安全、技术管理工作5年及以上和矿山救援工作3年及以上，并经国家矿山救援培训机构培训取得合格证。

c）大队指挥员应具有大专及以上学历，总工程师应具有中级及以上技术职称。

d）大队指挥员年龄不超过55岁。

e）大队指挥员每年进行1次体检，体检指标应符合岗位要求。

f）大队业务科室应具备战训、培训、装备管理及综合办公等职能，设置不少于2个，每科室专职人员不少于3人。战训工作人员应从事矿山救援工作3年及以上，并经省级及以上矿山救援培训机构培训取得合格证。

5.1.2　组织机构评分办法：未达到5.1.1a）项规定少1人扣3分；未达到5.1.1b）、5.1.1c）、5.1.1d）、5.1.1e）项规定1人次扣1分；未达到5.1.1f）项规定业务科室少1个扣2分，专职人员未达到规定1人次扣1分。

【释义】本条是对大队组织机构进行了规定。原《规范》规定大队指挥员"从事井下工作不少于5年"，而新修订《规范》改为了"从事矿山生产、安全、技术管理工作5年及以上和矿山救援工作3

年及以上"。这主要是从安全生产和应急救援处置方面考虑，对大队指挥员的任职资格提出的要求。大队指挥员要具备指挥和带领矿山救护队参加抢险救灾的能力，若矿山救援工作经历不够，在处理矿山事故时就不能很好地履行大队指挥员职责，完成应急救援任务。

本条中"经国家矿山救援培训机构培训取得合格证"是指，要求大队指挥员必须持证上岗。大队指挥员的岗位资格培训时间为不少于30天（144学时），每两年至少复训1次，时间为不少于14天（60学时）。

（1）大队指挥员人数不得少于5人（含1名副总工程师），每少1人扣3分。

（2）大队指挥员应熟悉矿山救援业务，具有相应矿山专业知识，能熟练佩用氧气呼吸器，从事矿山安全生产、技术管理工作5年及以上和矿山救援工作3年及以上，经国家矿山救援培训机构培训取得合格证者，否则，每人扣1分。

（3）大队指挥员应具有大专及以上学历，总工程师还应具有中级及以上技术职称，否则，每人扣1分。

（4）大队指挥员年龄不应超过55岁，否则，每人扣1分。

（5）大队指挥员未按规定体检或体检不合格，每人扣1分。

（6）大队业务科室设置不少于2个，每少1个扣2分；每个科室专职人员不少于3人，每少1人扣1分。

（7）战训人员应熟悉矿山救援工作，且工作3年及以上，并经省级及以上矿山救援培训机构培训取得合格证，否则，每人扣1分。

本条对原《规范》5.1进行了修订，增加了大队指挥员岗位总人数、从业年限、学历要求，以及年龄和身体状况要求。修改了大队业务科室设置、人数要求，另外还要求战训工作人员应从事矿山救援工作3年及以上。

5.2 技术装备与设施（10分）

5.2.1 技术装备

大队基本装备配备标准及扣分办法见表2-1。

表 2-1 大队基本装备配备标准及扣分办法

类别	装备名称	要求及说明	单位	数量	扣分
车辆	指挥车	—	辆	2	2
	气体化验车	安装气体分析仪器，配有打印机和电源	辆	1	1
	装备车	—	辆	1	1
通信器材	视频指挥系统	双向可视、可通话	套	1	1
	录音电话	值班室配备	部	1	0.5
	对讲机	—	部	6	0.5
灭火器材	高倍数泡沫灭火机	—	套	1	1
	惰气灭火装置	N_2、CO_2 等	套	1	0.5
	快速密闭	喷涂、充气、轻型组合均可	套	4	0.5
排水设备	潜水泵	流量为 100 m^3/h 或 200 m^3/h 及以上	台	2	0.5
	高压软体排水管	承压 4.5 MPa 及以上	m	1000	0.5
	泥沙泵	—	台	1	1
检测设备	气体分析化验设备	能够分析 O_2、N_2、CO_2、CO、CH_4、C_2H_6、C_2H_4、C_2H_2、H_2 等浓度	套	1	1
	便携式气体分析化验设备	能对矿井火灾气体进行分析化验	套	1	1
	氢氧化钙化验设备	—	套	1	0.5
	热成像仪	—	台	1	1
	生命探测仪	—	套	1	1
	氧气呼吸器校验仪	—	台	2	1.5
训练设备	心理素质训练设施	高空组合、独立和地面组合、独立拓展训练器材	套	1	0.5
	多功能体育训练器械	含跑步机、臂力器、体能综合训练器械等	套	1	0.5
	多媒体电教设备	—	套	1	0.5

表 2-1（续）

类别	装备名称	要求及说明	单位	数量	扣分
信息处理设备	传真机	—	台	1	0.5
	打印机	指挥员 1 台/人	台		0.5
	复印机	—	台	1	0.5
	台式计算机	指挥员 1 台/人	台		0.5
	笔记本电脑	配无线网卡	台	2	0.5
	数码摄像机	防爆	台	1	0.5
	数码照相机	防爆	台	1	0.5
工具药剂	防爆射灯	—	台	2	0.5
	破拆、支护工具	具有剪切、扩张、破碎、切割、起重、支护等功能	套	1	1
	氢氧化钙	—	t	0.5	0.5
	泡沫药剂	—	t	0.5	0.5

注：不完好或数量不足按该项扣分值扣分。

【释义】 本条是对矿山救护大队的基本装备配备的标准及扣分办法进行了规定。

矿山救护大队基本装备配备不符合表 2-1 中所列项目标准要求的（要求不符、不完好或数量不足），按该项表中扣分值扣分。

本条对原《规范》5.2.1 进行了修订，修改了大队基本装备配备标准及扣分办法，删除了独立中队基本装备配备标准及扣分办法。

（1）删除的装备：高扬程水泵、高压脉冲灭火装置、便携式爆炸三角形测定仪、煤油。

（2）增加的装备：潜水泵、高压软体排水管、泥沙泵、便携式气体分析化验设备、氢氧化钙化验设备、生命探测仪、氧气呼吸器校验仪、心理素质训练设施、打印机。

（3）要求发生变化的装备：高倍数泡沫灭火机不再规定型号，惰气（惰泡）灭火装备明确为惰气灭火装置，程控电话修改为录音电话，装备车由 2 辆减少至 1 辆，快速密闭由 5 套减少至 1 套，明确了破拆、支护工具的要求及说明，移动电话调整为副小队长以上指挥员个人基本装备。需要注意的是，为突出演习巷道设施与系统，将其提升为矿山救护队达到各等级的前置条件。

5.2.2　设施

设施标准要求：设施应包括办公室、会议室、学习室、修理室、气体分析化验室、装备器材库、车库。

设施评分办法：每缺少 1 项设施扣 1 分。

【释义】本条是对大队应有设施的标准要求及评分办法进行了规定。

大队应有办公室、会议室、学习室、修理室、气体分析化验室、装备器材库、车库等设施，每缺少 1 项设施扣 1 分。

本条在原《规范》5.2 的基础上增加了对大队设施的要求。

5.3　业务培训（6 分）

5.3.1　业务培训标准要求如下。

a）大队指挥员按规定参加复训。

b）制定大队指战员年度培训计划。

c）协助矿山企业对职工开展矿山救援知识的普及教育。

d）每年组织 1 次包括应急响应、应急指挥、灾区侦察、方案制定、救援实施、协同联动和突发情况应对等内容的综合性演习训练。

e）按规定组织对矿山救护队和兼职救护队人员进行技术培训及技能训练。

f）举办矿山救援新技术、新装备推广应用和典型案例专题讲座。

5.3.2　业务培训评分办法：查阅证件，未按 5.3.1a）项规定参加复训 1 人扣 1 分；查阅原始记录和资料，5.3.1b）、5.3.1c）、5.3.1d）、5.3.1e）、5.3.1f）项有 1 项达不到要求扣 1 分。

【释义】本条是对矿山救护大队业务培训标准要求及评分办法进行的规定。

（1）大队指挥员新入职需经上岗培训，每 2 年至少进行 1 次复训，否则，每人扣 1 分。

（2）每年制定大队指战员年度培训计划，否则，扣 1 分。

（3）协助矿山企业（协议企业）对职工开展矿山救援知识的普及教育，否则，扣 1 分。

（4）为提高救护指战员在紧急情况下应急处置事故的能力、协调配合能力、自救互救能力，检验应急装备和物资完好性、适用性和可靠性，完善应急管理和现场应急处置技术，增加了每年组织 1 次综合性演习训练的规定，否则，扣 1 分。

（5）综合性演习训练内容包括应急响应、应急指挥、灾区侦察、方案制定、救援实施、协同联动和突发情况应对等，否则，扣 1 分。

（6）每年按规定对专兼职救护队指战员进行技术培训及技能训练（复训），否则，扣 1 分。

（7）每年举办矿山救援新技术、新装备的推广应用和典型案例专题讲座，每有 1 项达不到要求扣 1 分。

本条对原《规范》5.3 进行了修订，删除了建立培训机构的要求，增加了每年组织 1 次综合性演习训练的规定。

5.4 综合管理（6 分）

5.4.1 准军事化管理

5.4.1.1 准军事化管理标准要求：统一着装，佩戴矿山救援标志；日常办公、值班、理论和业务知识学习、准军事化操练等工作期间，着制服；技术操作、仪器操作、入井准备、医疗急救、模拟演习等训练期间，着防护服。

5.4.1.2 准军事化管理评分办法：未统一着装扣 1 分，未按规定配备服装扣 1 分。

【释义】本条是对准军事化管理的标准要求及评分办法进行了规定。

矿山救护队实行准军事化管理，工作期间必须统一着装，佩戴矿山救援标志；日常办公、值班、理论和业务知识学习、准军事化操练等工作穿制服；技术操作、仪器操作、入井准备、医疗急救、模拟演

习等训练穿防护服（战斗服），未统一着装或混穿，扣 1 分；未按规
定配备，扣 1 分。

本条对原《规范》5.4 进行了修订，对日常办公、值班、学习训
练期间的着装进行了规定。

5.4.2　制度管理

5.4.2.1　制度管理标准要求：制定大队指挥员及业务科室岗位
责任制和各项管理制度，并严格执行。制度包括大队指挥员 24 h 值
班、会议、学习与培训、装备及设施更新维护与管理、战备器材库管
理、车辆使用及库房管理、氧气充填室管理、事故救援总结讲评、评
比检查、预防性安全检查和技术服务管理、内务管理、财务管理、档
案管理、考勤和奖惩等工作制度。

5.4.2.2　制度管理评分办法：制度缺 1 项扣 1 分，1 项制度未
落实扣 0.5 分。

【释义】本条是对救护大队制度管理标准要求及评分办法进行了
规定。

救护大队应制定大队指挥员及业务科室岗位责任制和各项管理制
度并严格执行，每缺 1 项，扣 1 分。

制度包括大队指挥员 24 h 值班、会议、学习与培训、装备及设
施更新维护与管理、战备器材库管理、车辆使用及库房管理、氧气充
填室管理、事故救援总结讲评、评比检查、预防性安全检查和技术服
务管理、内务管理、财务管理、档案管理、考勤和奖惩等工作制度，
每有 1 项制度未落实，扣 0.5 分（查阅原始记录）。

本条对原《规范》5.4 进行了修订，明确了大队制度管理的具体
内容。

5.4.3　计划管理

5.4.3.1　计划管理标准要求：制定年度、季度和月度工作计划，
内容包括队伍建设、培训与训练、装备管理、评比检查、预防性安全
检查和技术服务、内务管理、财务管理和设备设施维修等。按照计划
认真落实，并分别形成工作总结。

5.4.3.2 计划管理评分办法：缺年度、季度和月度计划或总结各扣1分，计划内容缺1项扣0.5分。

【释义】本条是对救护大队计划管理标准要求及评分办法进行了规定。

救护大队应制定年度、季度和月度工作计划，缺年度、季度和月度计划或总结，每缺1项扣1分；计划内容不全，缺1项扣0.5分。

本条对原《规范》5.4进行了修订，对计划管理的内容进行了调整，由原来的7项内容增加到8项内容。

队伍建设广义是指人事管理、人事档案管理、劳资管理、思想教育、业务培训、计划生育管理、老干部管理、工会工作、青年管理、妇女管理、目标管理、人才管理和干部选拔。

本条计划管理内容增加了队伍建设要求。通过原《规范》与新修订《规范》对比，大队考核4项考核内容标准分由原来40分调整至30分，3项考核内容标准分均下调，唯一保持不变的就是大队"组织机构"标准分；中队"队伍与人员"标准分由5分调整至10分，强化了中队"队伍与人员"标准要求。经以上分析，新修订《规范》标准注重救护队人员配备。结合全国矿山救护队普遍存在指战员不足等实际问题，本条队伍建设泛指人员配备情况。

5.4.4 资料管理

5.4.4.1 资料管理标准要求：建立工作日志（包含会议、学习）、值班、培训、装备及设施更新维护、评比检查（含标准化自评）、预防性安全检查和技术服务、事故接警、事故救援、考勤和奖惩等记录，并保存1年及以上；工作日志由值班指挥员填写，其他记录按岗位责任制的要求填写。保存人员信息、装备与设施、培训与训练、事故救援总结和工作文件等档案资料，保存3年及以上。

5.4.4.2 资料管理评分办法：缺1项记录或档案资料扣1分，记录不完整1项扣0.5分。

【释义】本条是对救护大队资料管理标准要求及评分办法进行了规定。

（1）救护大队应按规定建立工作日志、值班、培训、装备及设施更新维护、评比检查、预防性安全检查和技术服务、事故接警、事故救援、考勤和奖惩等记录，缺1项记录扣1分。

（2）工作日志由值班指挥员填写，其他记录按岗位责任制要求填写，否则，每项扣0.5分；记录不完整，每项扣0.5分。

（3）救护大队应严格档案管理，按规定保存各种记录和档案资料，否则，缺1项档案资料或未按规定保存扣1分。

本条对原《规范》5.4进行了修订，对资料管理内容进行细化，明确了记录填写人员，规定了记录和档案资料的保存时间。

5.4.5　牌板管理

5.4.5.1　牌板管理标准要求：悬挂组织机构牌板、救护队伍部署图、服务区域矿山分布图、值班日程表、接警记录牌板和评比检查牌板。

5.4.5.2　牌板管理评分办法：缺1种扣1分。

【释义】本条是对救护大队牌板管理标准要求及评分办法进行了规定。

救护大队应制作并悬挂组织机构牌板、救护队伍部署图、服务区域矿山分布图、值班日程表、接警记录牌板和评比检查牌板，每缺1种，扣1分。

本条对原《规范》5.4综合管理的内容进行了补充，增加了大队牌板管理标准要求。

5.4.6　标准化考核

5.4.6.1　标准化考核标准要求：每半年组织1次大队（包括全部所属中队）的标准化考核。

5.4.6.2　标准化考核评分办法：查看上一年度的考核资料，少考核1次扣2分，少考核1个所属中队扣1分。

【释义】本条是对大队（包括全部所属中队）标准化自检（考核）时间及评分办法进行了规定。本条对原《规范》5.4进行了修订，增加了大队标准化自检（考核）时间要求。

救护大队每半年对大队（包括全部所属中队）进行 1 次标准化考核，少考核 1 次扣 2 分，少考核 1 个所属中队扣 1 分。检查方法查看上一年度的考核资料。

【案例】2024 年 10 月，上级部门对某大队进行标准化考核。考核时，查看该队 2023 年 10 月至 2024 年 9 月或 2023 年全年考核资料。

5.4.7 劳动保障

5.4.7.1 劳动保障标准要求如下。

a）指战员应享受矿山采掘一线作业人员的岗位工资、入井津贴和夜班补助等待遇。

b）佩用氧气呼吸器工作，应享受特殊津贴。在高温、烟雾和冒落的恶劣环境中佩用氧气呼吸器工作的，特殊津贴增加一倍。

c）所在单位除了执行医疗、养老、失业和工伤等职工保险各项制度外，还应为指战员购买人身意外伤害保险。

d）体检指标不符合岗位要求的，或者年龄达到规定上限但未达到退休年龄的，所在单位应另行安排适当工作。

5.4.7.2 劳动保障评分办法：上述 4 项要求，未达到 1 项扣 1 分。

【释义】本条是对救护指战员劳动保障的标准要求及评分办法进行了规定。

（1）明确了救护指战员必须享受所在单位（企业救护队参照所属矿井采掘一线作业人员标准；非企业救护队参照辖区矿井采掘一线作业人员标准）矿山采掘一线作业人员的岗位工资、入井津贴和夜班补助，否则，扣 1 分。

（2）佩用氧气呼吸器工作，应享受特殊津贴，在高温、烟雾和冒落的恶劣环境中佩用，增加一倍，否则，扣 1 分。

（3）应为指战员购买人身意外伤害保险，否则，扣 1 分。

（4）体检不合格或超龄人员应安排合适工作，否则，扣 1 分。

本条对原《规范》5.4 进行了修订，劳动保障内容进一步细化。

6　大队所属中队、独立中队及所属小队标准化考核标准及评分办法

6.1　队伍及人员（10 分）

6.1.1　队伍及人员考核标准要求如下。

a）中队设中队长 1 人，副中队长 2 人，技术员 1 人。中队指挥员人数不应少于 4 人。小队设正、副小队长各 1 人。

b）中队指挥员应熟悉矿山救援业务，具有相应矿山专业知识，熟练佩用氧气呼吸器，从事矿山生产、安全、技术管理工作 5 年及以上和矿山救援工作 3 年及以上，并按规定参加培训取得合格证。

c）中队指挥员应具有中专以上学历，技术员应具有初级及以上技术职称。

d）中队指挥员年龄不超过 50 岁。

e）中队应配备必要的管理人员、司机、仪器维修和氧气充填人员。

f）小队指战员年龄不超过 45 岁。40 岁以下人员至少要保持在 2/3 以上。

g）指战员每年进行 1 次体检，体检指标应符合岗位要求。

h）独立中队除具备上述条件外，还应设具备办公、战训、培训及装备管理等职能的综合科室，专职人员不少于 2 人。战训工作人员应从事矿山救援工作 2 年及以上，并经省级及以上矿山救援培训机构培训取得合格证。

6.1.2　队伍及人员评分办法：查阅资料和现场抽查相结合。未达到 6.1.1a）项规定中队指挥员人数少 1 人扣 2 分，未达到 6.1.1b）、6.1.1c）、6.1.1d）、6.1.1e）项规定，1 人扣 1 分；小队指战员超龄或 40 岁以下人员不足 2/3 的，1 人扣 1 分；未按规定进行体检或体检指标不符合岗位要求的，1 人扣 1 分；独立中队未设置综合科室扣 2 分，专职人员未达到规定 1 人次扣 1 分。

【释义】本条是对大队所属中队、独立中队及所属小队队伍及人员的标准要求及评分办法进行了规定。

（1）中队指挥员不得少于4人，每少1人扣2分。

（2）中队指挥员应熟悉救护业务，具有矿山专业知识，能熟练佩用氧气呼吸器，从事矿山生产安全、技术管理工作5年及以上，且从事救护工作3年以上，并经培训取得资格证，否则，每人扣1分。

（3）中队指挥员应具有中专以上学历，技术员还应具有初级及以上技术职称，否则，每人扣1分。

（4）中队指挥员年龄不得超过50岁，否则，每人扣1分。

（5）中队应配备司机、仪器维修和氧气充填人员，达不到要求，每人扣1分。

（6）小队应设正副小队长各1人，每少1人扣1分。

（7）小队指战员年龄不得超过45岁，否则，每人扣1分；40岁以下人员至少保持2/3，否则，扣1分；每年组织指战员进行1次体检，否则，扣1分；体检指标不符合岗位要求的，应及时调整，否则，扣1分。

（8）独立中队除具备上述条件外，还应设置办公、战训、培训及装备管理等职能的综合科室，否则，扣2分；综合科室专职人员不得少于2人，否则，每少1人扣1分。

本条对原《规范》6.1进行了修订，原《规范》"矿山救护中队质量标准化考核标准及评定办法"修改为"大队所属中队、独立中队及所属小队标准化考核标准及评分办法"，增加了中队指挥员岗位总人数、从业年限、学历要求，修改了中队指挥员、小队指战员年龄要求，增加了独立中队的科室设置数量、人数要求。

6.2 培训与训练（7分）

6.2.1 培训与训练标准要求如下。

a）新队员应通过培训，经考核合格取得合格证。

b）指战员应按规定参加复训。

c）开展包括救援技术操作、救援装备和仪器操作、体能、医疗急救、准军事化队列等内容的日常训练。

d）中队应每季度组织1次高温浓烟训练，时间不少于3 h。

e）以小队为单位，每月开展 1 次结合实战的救灾模拟演习训练，每次训练指战员佩用氧气呼吸器时间不少于 3 h。

f）独立中队除具备上述条件外，还应做到以下要求。

1）制定指战员年度培训计划。

2）协助矿山企业对职工开展矿山救援知识的普及教育。

3）每年组织 1 次包括应急响应、应急指挥、灾区侦察、方案制定、救援实施、协同联动和突发情况应对等内容的综合性演习训练。

4）举办矿山救援新技术、新装备推广应用和典型案例专题讲座。

6.2.2　培训与训练评分办法：查阅证件，6.2.1a）项达不到要求 1 人扣 1 分，6.2.1b）项达不到要求 1 人扣 0.5 分；查阅原始记录和资料，6.2.1c）、6.2.1d）、6.2.1e）项有 1 项达不到要求扣 1 分；第 6.2.1f）项有 1 条未完成扣 1 分。

【释义】本条是对中队指战员培训与训练的标准要求及评分办法进行了规定。

（1）指战员应按规定参加初训。中队正职指挥员及技术员必须经过 144 学时的基础培训；副中队长，独立中队战训等业务科室管理人员，正、副小队长必须经过 180 学时的基础培训；新队员必须经过 288 学时的基础培训和 90 日的编队实习，并经综合考核合格，取得证书，才能成为正式救护队员签订服役合同。每有 1 人达不到要求扣 1 分（查阅证件）。

（2）指战员应按规定参加复训。中队副小队长及以上指挥员、独立中队战训等业务科室管理人员至少每 2 年 1 次，不少于 60 学时；队员每年 1 次，不少于 60 学时。每有 1 人达不到要求扣 0.5 分（查阅原始记录和资料）。

（3）中队应开展包括仪器操作、救援准备、医疗急救、综合体质、准军事化操练等内容的日常训练，达不到要求扣 1 分。

（4）中队每季度组织 1 次高温浓烟演习，时间不少于 3 h，是指中队所有小队每季度至少组织 1 次高温浓烟演习，达不到要求扣 1 分。

（5）模拟救灾演练是指模拟井下特定区域发生事故，派出小队前往该地点救援，分别进行战前检查、建立井下基地、灾区侦察、抢救人员、装备操作、事故处理等项目。演练前应根据模拟的事故情景，编制具体实施方案。方案应包括以上部分或全部演练项目。

每个小队，每月开展1次结合实战的模拟救灾演练，佩用氧气呼吸器时间不能少于3 h，每有1个小队达不到要求扣1分。

（6）独立中队除具备上述条件外，还应做到以下要求：①制定指战员年度培训计划；②协助矿山企业对职工开展矿山救援知识的普及教育；③每年组织1次包括应急响应、应急指挥、灾区侦察、方案制定、救援实施、协同联动和突发情况应对等内容的综合性演习训练；④举办矿山救援新技术、新装备推广应用；⑤典型案例专题讲座，每有1项未完成扣1分。

本条对原《规范》6.2进行了修订，对训练时佩用氧气呼吸器的时长作出了规定，增加了独立中队培训与训练要求。

6.3 装备与设施（17分）

6.3.1 救援装备（8分）

矿山救护中队、小队和指战员个人基本装备配备标准及扣分办法见表2-2、表2-3、表2-4。

表2-2 大队所属中队和独立中队基本装备配备标准

| 类别 | 装备名称 | 要　　求 | 单位 | 数量 | | 扣分 |
				大队所属中队	独立中队	
运输通信	矿山救护车	每小队1辆，越野性能好	辆	≥3	≥3	2
	值班电话	—	部	1	1	1
	灾区电话	—	套	2	2	1
	引路线	使用无线灾区电话的配备	m	1000	1000	0.5
	指挥车	—	辆	—	1	2

表 2-2（续）

类别	装备名称	要 求	单位	数量 大队所属中队	数量 独立中队	扣分
运输通信	气体化验车	安装气体分析仪器，配有打印机和电源	辆	—	1	1
	装备车	—	辆	—	1	1
	录音电话	值班室配备	部	—	1	0.5
	对讲机	—	部	—	4	0.5
排水设备	潜水泵	流量为 100 m³/h 或 200 m³/h 及以上	台	—	1	1
	高压软体排水管	承压 4.5 MPa 以上	m	—	300	1
信息处理设备	传真机	—	台	—	1	0.5
	打印机	—	台	1	4	0.5
	复印机	—	台	1	1	0.5
	台式计算机	—	台	4	4	0.5
	笔记本电脑	配无线网卡	台	1	1	0.5
	数码摄像机	防爆	台	—	1	0.5
	数码照相机	防爆	台	—	1	0.5
个体防护	4 h 氧气呼吸器	正压，全面罩	台	6	6	2
	2 h 氧气呼吸器	—	台	6	6	1
	自动苏生器	—	台	2	2	1
	自救器	压缩氧	台	10	10	1
灭火装备	快速密闭	喷涂、充气、轻型组合均可	套	—	2	0.5
	高倍数泡沫灭火机	—	套	1	1	1
	干粉灭火器	8 kg	台	20	20	0.5
	风障	≥4 m×4 m，棉质	块	2	2	0.5
	水枪	开花、直流各2个	支	4	4	0.5
	水龙带	直径 63.5 mm 或 51.0 mm	m	400	400	0.5

表 2-2（续）

类别	装备名称	要 求	单位	数量		扣分
				大队所属中队	独立中队	
检测仪器	氢氧化钙化验设备	—	套	—	1	0.5
	热成像仪	—	台	—	1	1
	氧气呼吸器校验仪	—	台	2	2	1
	便携式气体分析化验设备	能对矿山火灾气体进行分析化验	套	1	1	1
	氧气便携仪	数字显示，带报警功能	台	2	2	0.5
	红外线测温仪	—	台	1	1	0.5
	红外线测距仪	—	台	1	1	0.5
	多参数气体检测仪	能够检测到 CH_4、CO、O_2 等三种以上气体	台	1	1	0.5
	瓦斯检定器	10%、100% 库存各 2 台（金属非金属矿山救护队可以不配备）	台	4	4	0.5
	多种气体检定器	CO、CO_2、O_2、H_2S、NO_2、SO_2、NH_3、H_2 检定管各 30 支	台	2	2	0.5
	风表	满足中、低速风速测量	台	4	4	0.5
	秒表	—	块	4	4	0.5
	干湿温度计	—	支	2	2	0.5
	温度计	0 ℃~100 ℃	支	10	10	0.5
工具备品	破拆、支护工具	具有剪切、扩张、破碎、切割、起重、支护等功能	套	1	1	1
	防爆射灯	—	台	—	1	0.5
	防爆工具	锤、斧、镐、锹、钎、起钉器等	套	2	2	1
	氧气充填泵	氧气充填室配备	台	2	2	2
	氧气瓶	40 L	个	8	8	0.5
		4 h 氧气呼吸器每台备用 1 个	个	—	—	0.5

表 2-2（续）

| 类别 | 装备名称 | 要　求 | 单位 | 数量 | | 扣分 |
				大队所属中队	独立中队	
工具备品	氧气瓶	2 h 氧气呼吸器、自动苏生器每台备用 1 个	个	—	—	0.5
	救生索	长 30 m，抗拉强度 3000 kg	条	1	1	0.5
	担架	含 2 副负压多功能担架、防静电	副	4	4	0.5
	保温毯	棉质	条	4	4	0.5
	快速接管工具	—	套	2	2	0.5
	绝缘手套	—	副	3	3	0.5
	电工工具	—	套	2	2	0.5
	冰箱或冰柜	—	台	1	1	0.5
	瓦工工具	—	套	2	2	0.5
	灾区指路器	或冷光管	支	10	10	0.5
	救援三脚架	—	支	1	1	0.5
训练设备	体能综合训练器械	—	套	1	1	0.5
药剂	泡沫药剂	—	t	0.5	0.5	0.5
	氢氧化钙	—	t	0.5	0.5	0.5

注：不完好或数量不足按该项扣分值扣分。

表 2-3　矿山救护小队基本装备配备标准

类别	装备名称	要求及说明	单位	数量	扣分
通信器材	灾区电话	—	套	1	1
	引路线	使用无线灾区电话的配备	m	1000	0.5
个人防护	矿灯	备用	盏	2	0.5
	4 h 氧气呼吸器	正压，全面罩	台	1	2

表 2 – 3（续）

类别	装备名称	要求及说明	单位	数量	扣分
个人防护	2 h 氧气呼吸器	—	台	1	2
	自动苏生器	—	台	1	1
灭火装备	灭火器	干粉 8 kg	台	2	0.5
	风障	≥4 m×4 m，棉质	块	1	0.5
	帆布水桶	棉质	个	2	0.5
检测仪器	氧气呼吸器校验仪	—	台	1	1
	瓦斯检定器	10%、100% 各一台	台	2	0.5
	多种气体检定器	筒式（CO、O_2、H_2S、H_2 检定管各 30 支）	台	1	0.5
	氧气检定器	便携式数字显示，带报警功能	台	1	0.5
	多参数气体检测仪	检测 CH_4、CO、O_2 等	台	1	0.5
	风表	满足中、低速风速测量	台	1	0.5
	红外线测温仪	—	台	1	0.5
	温度计	0 ℃ ~ 100 ℃	支	2	0.5
工具备品	氧气瓶	2 h、4 h 氧气呼吸器备用	个	4	0.5
	灾区指路器	冷光管或者灾区强光灯	个	10	0.5
	担架	防静电	副	1	0.5
	采气样工具	包括球胆 4 个	套	2	0.5
	保温毯	棉质	条	1	0.5
	液压起重器	或者起重气垫	套	1	0.5
	防爆工具	锯、锤、斧、镐、锹、钎、起钉器等	套	1	0.5
	电工工具		套	1	0.5
	瓦工工具	—	套	1	0.5
	皮尺	10 m	个	1	0.5
	卷尺	2 m	个	1	0.5
	钉子包	内装常用钉子各 1 kg	个	2	0.5
	信号喇叭	一套至少 2 个	套	1	0.5
	绝缘手套	—	副	2	0.5

表 2 – 3（续）

类别	装备名称	要 求 及 说 明	单位	数量	扣分
工具备品	救生索	长 30 m，抗拉强度 3000 kg	条	1	0.5
	探险杖	—	个	1	0.5
	负压夹板	或者充气夹板	副	1	0.5
	急救箱	—	个	1	0.5
	记录本	—	本	2	0.5
	记录笔	—	支	2	0.5
	备件袋	内装防雾液、各种易损易坏件等	个	1	0.5

注 1：不完好或数量不足按该项扣分值扣分。

注 2：急救箱内装止血带、夹板、绷带、胶布、药棉、镊子、剪刀、酒精、碘伏、消炎药等。

表 2 – 4 矿山救护队指战员个人基本装备配备标准

类别	装备名称	要 求	单位	数量	扣分
个人防护	4 h 氧气呼吸器	正压，全面罩	台	1	2
	自救器	压缩氧	台	1	0.5
	救援防护服	带反光标志，防静电	套	1	1
	胶靴	防砸、防扎	双	1	1
	毛巾	棉质	条	1	0.5
	安全帽	—	顶	1	0.5
	矿灯	本质安全型	盏	1	0.5
装备工具	手表	副小队长以上指挥员配备，机械表	块	1	0.5
	移动电话	副小队长以上指挥员配备	部	1	0.5
	手套	布手套、线手套、防割刺手套各 1 副	副	3	0.5
	灯带	—	条	2	0.5
	背包	装救援防护服，棉质或者其他防静电布料	个	1	0.5
	联络绳	长 2 m	根	1	0.5
	粉笔	—	支	2	0.5

注：不完好或数量不足按该项扣分值扣分。

【释义】本条是对大队所属中队、独立中队、救护小队和指战员个人基本装备配备标准要求及评分办法进行了规定。

大队所属中队、独立中队、救护小队和指战员个人基本装备配备不符合表中所列项目标准要求的（要求不符、数量不足或不完好的），按该项表中扣分值扣分。

本条对原《规范》6.3.1进行了修订，修改了大队所属中队、小队和指战员个人基本装备配备标准及扣分办法，增加了独立中队基本装备配备标准及扣分办法，明确了独立中队救护小队和指战员个人基本装备的配备标准。

大队所属中队、小队和指战员个人基本装备配备标准修改如下：

（1）删除的装备：程控电话、隔热服、紧急呼救器、高压脉冲灭火装置、一氧化碳检定器、液压剪刀、绘图工具、刀锯、铜顶斧、两用锹、小镐、矿工斧、起钉器。

（2）增加的装备：值班电话、打印机、台式计算机、防割刺手套、便携式气体分析化验设备、多种气体检定器、破拆支护工具、救援三脚架。

（3）要求发生变化的装备：①中队装备：原《规范》要求中队和小队都需要配备液压起重器，新修订《规范》只要求小队配备液压起重器；压缩氧自救器由30台减少为10台，红外线测温仪由2台减少为1台，保温毯由3条增加为4条，电工工具由1套增加为2套，瓦工工具由1套增加为2套，泡沫药剂由1 t减少为0.5 t，风表要求修改为"满足中、低速风速测量"；②小队装备：新增加温度计2支，防爆工具1套（要求：锯、锤、斧、镐、锹、钎、起钉器等），氧气呼吸器校验仪由2台减少为1台，风表要求修改为"满足中、低速风速测量"；③个人装备：删除了氧气呼吸器工具、温度计，副小队长以上指挥员要求配备移动电话和机械手表，胶靴要求明确为"防砸、防扎"；战斗服调整为救援防护服，救援防护服可根据工作任务和季节气候变化等实际工作需要，自行决定着装，着装应该保持整洁、统一。

6.3.2　技术装备的维护保养（5 分）

6.3.2.1　技术装备的维护保养标准要求如下。

a）正压氧气呼吸器：按照氧气呼吸器说明书的规定标准，检查其性能。

b）自动苏生器：自动肺工作范围在 12 次/min ～ 16 次/min，氧气瓶压力在 15 MPa 以上，附件、工具齐全，系统完好，不漏气；气密性检查方法：打开氧气瓶，关闭分配阀开关，再关闭氧气瓶，观看氧气压力下降值，大于 0.5 MPa/min 为不合格。

c）氧气呼吸器校验仪：按说明书检查其性能。

d）光学瓦斯检定器：整机气密、光谱清晰、性能良好、附件齐全、吸收剂符合要求。

e）多种气体检定器：气密、推拉灵活、附件齐全、检定管在有效期内。

f）氧气便携仪：数值准确、灵敏度高。

g）灾区电话：性能完好、通话清晰。

h）氧气充填泵：专人管理、工具齐全，按规程操作，氧气压力达到 20 MPa 时，不漏油、不漏气、不漏水和无杂音，运转正常。

i）矿山救护车：保持战备状态，车辆完好。

j）值班车及装备库的装备要摆放整齐，挂牌管理，无脏乱现象。装备要有保养制度，放在固定地点，专人管理，保持完好。

k）装备、工具：应有专人保养，达到"全、亮、准、尖、利、稳"的规定要求。

l）救护队的装备及材料应保持战备状态，账、卡、物相符，专人管理，定期检查，保持完好。

6.3.2.2　技术装备的维护保养评分办法：按要求对个人、小队、中队装备的维护保养情况进行全面检查，对小队及个人装备的抽检率应达到 50% 以上；发现 1 台（件、处）不合格扣 0.5 分；该项总扣分值按抽检扣分值除以抽检率计算，最高不超过该项标准分。

【释义】本条是对中队技术装备维护保养的标准要求及评分办法

进行了规定。

（1）正压氧气呼吸器：按照说明书的规定标准对其性能指标进行检查，每有1项达不到要求扣0.5分；氧气瓶压力不足18 MPa，高压跑气，每台扣0.5分；未定期更换二氧化碳吸收剂，每台扣0.5分。

（2）自动苏生器：自动肺工作范围在12次/min～16次/min，氧气瓶压力在15 MPa以上，头带、口咽导气管、夹舌钳、面罩、开口器、扳手、外接氧气瓶连接管、储气囊、校验囊等附件齐全完好，苏生器的吸引装置、自动肺、自主呼吸输氧装置系统完好，严密不漏气。有1项达不到要求即为不合格，扣0.5分。整机气密性检查：打开氧气瓶，先关闭三个分配阀开关，再关闭氧气瓶，观察压力表，氧气压力下降不超0.5 MPa/min为严密不漏气。

（3）氧气呼吸器校验仪：按照说明书要求对整机进行检查，性能完好、附件齐全，能够使用其对配套氧气呼吸器各项指标进行正确检查，否则，扣0.5分。

（4）光学瓦斯检定器：整机气密、光谱清晰、性能良好、附件齐全完好、吸收剂符合要求，能够对甲烷和混合气体进行准确检测，否则，扣0.5分。

（5）多种气体检定器：推拉灵活、气密性好、附件齐全（出气口带短胶管），检定管的数量、种类符合要求，并在有效期内，否则，扣0.5分。

（6）氧气便携仪：检测数值准确、灵敏度高、电量充足、数字显示完全，否则，扣0.5分。

（7）灾区电话：性能完好、附件齐全、电量充足、通话清晰、其配套电话线数量符合规定，否则，扣0.5分。

（8）氧气充填泵：专人管理，工具、制度牌板齐全，安装位置、气瓶存放等符合《矿山救护规程》规定，不漏水、不漏气、不漏油、无杂音、能正常运转，否则，扣0.5分。

（9）矿山救护车：车辆处于战备状态，电路、油路畅通，灯光亮、喇叭响、方向灵、制动好、车门关开自如,油、电足、内外卫生良好,否则,扣 0.5 分。

(10)值班车内装备摆放整齐;装备库内装备专人管理,摆放整齐,定期保养,有制度、有记录,挂牌定点存放,处于战备可用状态,否则,扣 0.5 分。

(11)装备、工具必须专人保养,且全部达到“全、亮、准、尖、利、稳”的规定要求,否则,每有 1 台(件)不合格,扣 0.5 分。

(12)救护队的装备及材料应保持战备状态,账、卡、物相符,有专人管理和保养维护,否则,每有 1 台(件)不符合要求,扣 0.5 分。

(13)检查时,中队装备的维护保养情况按标准要求进行全面检查,对小队及个人装备的抽检率在 50% 以上,该项总扣分值按抽检扣分值除以抽检率计算,最高不超过该项标准分。

技术装备的维护保养评分办法:按要求对个人、小队、中队装备的维护保养情况进行全面检查,对小队及个人装备的抽检率应达到 50% 以上。发现 1 台(件、处)不合格扣 0.5 分。该项总扣分值按抽检扣分值除以抽检率计算,最高不超过该项标准分。

$$W = z + \frac{x}{c_1} + \frac{g}{c_2} \qquad (2-3)$$

式中　W——技术装备维护保养扣分值;

　　　z——中队装备维护保养扣分值;

　　　x——抽检小队装备维护保养扣分值;

　　　g——抽检个人装备维护保养扣分值;

　　　c_1——小队装备维护保养抽检率($50\% \leqslant c_1 \leqslant 100\%$);

　　　c_2——个人装备维护保养抽检率($50\% \leqslant c_2 \leqslant 100\%$)。

【案例】对中队基本装备进行全面检查,扣 2 分;对小队基本装备抽检率为 50% ,扣 1.5 分;对个人基本装备抽检率为 50% ,扣 1 分。该中队技术装备维护保养总扣分 = 2 + (1.5÷50%) + (1÷50%) = 7 分。因扣分超过标准分,所以该中队技术装备的维护保养得分为

0分。

本条对原《规范》6.3.2进行了修订，技术装备的维护保养删除了负压氧气呼吸器、一氧化碳检定器；增加了多种气体检定器；技术装备的维护保养标准要求进一步明确和细化。

6.3.3 设施（4分）

6.3.3.1 设施标准要求：设施应包括接警值班室、值班休息室、办公室、会议室、学习室、氧气充填室、装备室、装备器材库、车库、体能训练设施、宿舍、浴室、食堂和仓库等。

独立中队除应有上述设施外，还应有修理室。

6.3.3.2 设施评分办法：每缺少1项设施扣1分。

【释义】本条是对中队设施的标准要求及评分办法进行了规定。

（1）中队应有接警值班室（即中队电话值班室）、值班休息室、办公室、会议室、学习室、装备室、体能训练设施、宿舍、浴室、食堂等设施，能满足中队指战员的值班休息及办公学习、训练、洗浴、就餐的要求，否则，每缺1项扣1分。

（2）中队应有装备器材库、车库和仓库，并能满足中队装备、车辆、备品备件及材料的存放，否则，每缺1项扣1分，不满足要求，扣1分。

（3）中队应有氧气充填室，且氧气充填泵安装位置符合规定，室内有充填制度、充填记录，氧气充填室及室内物品和相关操作应当符合下列要求，否则，扣1分。氧气充填泵应当由充填工按照操作规程进行操作。充填泵可用螺栓固定在水平基台上，也可放置在水平基台上。充填泵与基台间放置减振的厚橡胶板，与基台接触应平稳。严禁任何脂肪物体与水甘油润滑液相接触的零件接触。在使用前，应将机械油注入机体内，并在每次更换机械油后，必须将机体外部的油脂擦拭干净。不允许油从上、下机体的接合处、各密封环处及密封罩处往外渗漏。容积为40 L的氧气瓶不得少于8个，其压力应当在10 MPa以上。空瓶和实瓶分别存放，并标明充填日期，挂牌管理。定期检查氧气瓶。存放氧气瓶时轻拿轻放，距暖气片或者高温点的距离在 2 m 以上。新购进或者经水压试验后的氧气瓶，充填前应当进行 2 次充、放氧气后，方可使用。室内应干净无灰尘，温度不得低于 0 ℃，应使用防爆设施，保持通风良好，严禁烟火，严禁存放易燃易爆物品。

（4）独立中队除符合上述规定要求外，还应配备仪器装备修理室，否则，扣 1 分。

本条对原《规范》6.3.3 进行了修订，中队设施由 11 项修改为 14 项，增加了独立中队装备及设施要求。

6.4　业务工作（15 分）

6.4.1　业务知识及战术运用（5 分）

6.4.1.1　业务知识标准要求及评分办法：依据相关法律、法规、标准要求的内容按百分制出题，由不少于 2 个小队人员参加考试，缺 1 人扣 1 分；80 分及以上为合格，不合格 1 人扣 0.5 分。

【释义】本条是对业务知识的标准要求及评分办法进行了规定。

业务知识按照相关法律法规标准要求的内容，按百分制出题；被考核中队由 2 个及以上小队人员参加考试，每小队不少于 9 人，每少 1 人扣 1 分；80 分及以上为合格，每有 1 人不合格，扣 0.5 分。

本条对原《规范》6.4.1.1 进行了修订，业务知识考试由中队全体人员参加考试修改为"不少于 2 个小队人员参加"，修改了业务知识考试评分办法，80 分及以上不扣分。

6.4.1.2　战术运用标准要求及评分办法：模拟事故现场，被检中队指挥员制定救援方案，30 min 完成。方案不合理扣 2 分，超时扣 1 分。

【释义】本条是对战术运用的标准要求及评分办法进行了规定。

考核题模拟灾害事故情景，被检中队指挥员 30 min 内制定出救援方案，方案应符合《矿山救护规程》及现行法律法规规定，否则，为不合理，扣 2 分。

本条对原《规范》6.4.1.2 进行了修订，战术运用答题时间从 15 min 延长至 30 min，并且修改了战术运用评分办法。

6.4.2 仪器操作 (10 分)

6.4.2.1 仪器操作考核方法及要求：以小队为单位，每个队员随机被抽查 3 种及以上仪器进行考核。单个队员进行全部 10 种仪器考核时，按逐小项检查扣分方式计算；未进行全部 10 种仪器考核时，按抽小项检查扣分方式计算。小队中未参加考核的队员按扣该项标准分计算，小队所有人员的平均扣分为中队仪器操作扣分。

仪器操作项目中，部件名称及有关操作内容以仪器说明书为准；应知与应会扣分各占 50%；应知部分每种仪器至少提 2 个问题。

【释义】本条是对仪器操作项目的考核方法及要求进行了规定。

仪器操作以小队为单位，考核时每个队员随机抽取 3 种及以上仪器进行考核，10 种仪器全部考核时，按逐小项检查扣分方式计算，随机抽取几种仪器考核时，按抽小项检查的方式计算（即按该项标准分乘以该项总扣分率计算该项总扣分值，该项总扣分率等于该项中实际抽查小项扣分率的平均值）。小队中未参加考核的队员，按扣该项标准分计算，小队所有人员的平均扣分为中队仪器操作扣分。仪器操作项目中部件名称及有关操作内容以仪器说明书为准，应知与应会各占 50%，应知部分每件仪器至少提 2 个问题。

（1）以小队为单位，10 种仪器全部考核时，按逐小项检查扣分方式计算。

$$K = A_1 + A_2 + \cdots + A_9 + A_{10} \qquad (2-4)$$

式中 K——仪器操作扣分值；

A——小项扣分值。

【案例一】小队有 9 名队员，进行仪器操作项目考核时，若 9 名队员对 10 件仪器（正压氧气呼吸器、氧气瓶更换、2 h 正压氧气呼吸器更换、自动苏生器、氧气呼吸器校验仪、光学瓦斯检定器、多种气体检定器、氧气便携仪、压缩氧自救器、灾区电话）全部进行考核。

1 号队员扣 2.5 分，2 号队员扣 1.5 分，3 号队员扣 3 分，4 号队员扣 1 分，5 号~9 号队员均扣 2 分。

那么小队所有人员的平均扣分 = (2.5 + 1.5 + 3 + 1 + 2 × 5) ÷ 9 =

2 分，即该中队仪器操作合计扣分为 2 分。该中队仪器操作得分 = 10 - 2 = 8 分。

（2）以小队为单位，随机抽取 3 种及以上仪器考核时，按抽小项检查扣分方式计算，小队中未参加考核的队员，按扣该项标准分计算。

某队员仪器操作扣分值 = 标准分 × 总扣分率 = 标准分 × 实际抽查小项扣分率平均值。

$$K_d = 10 \times \sum_{i=1}^{n} \frac{A_i/B_i}{n} \qquad (2-5)$$

式中　K_d——某队员仪器操作扣分值；

A_i——抽查小项扣分值；

B_i——抽查小项标准分；

n——抽查小项数量（$n = 3, 4, \cdots, 9$）。

【案例二】小队有 9 名队员，随机抽取 4 种仪器进行考核（光学瓦斯检定器、自动苏生器、压缩氧自救器、4 h 正压氧气呼吸器）。

1 号队员考核扣分：①光学瓦斯检定器扣 0.5 分；②自动苏生器扣 0.4 分；③压缩氧自救器 0.2 分；④4 h 正压氧气呼吸器 0.4 分。

1 号队员光学瓦斯检定器扣分率为 0.5 ÷ 1 = 50%，自动苏生器扣分率为 0.4 ÷ 1 = 40%，压缩氧自救器扣分率为 0.2 ÷ 1 = 20%，4 h 正压氧气呼吸器扣分率为 0.4 ÷ 1 = 40%。总扣分率 = （50% + 40% + 20% + 40%）÷ 4 = 37.5%。

1 号队员仪器操作扣分值 = 标准分 × 总扣分率 = 10 × 37.5% = 3.75 分。

（3）小队所有人员的平均扣分为中队仪器操作扣分。

$$K = \sum_{i=1}^{m} K_{d_i}/m \qquad (2-6)$$

式中　K——仪器操作扣分值；

K_{d_i}——某队员仪器操作扣分值；

m——小队队员数量（$m = 9, 10, \cdots, n$）。

【案例三】小队有 9 名队员，1 号队员仪器操作扣 3.75 分，2 号队员扣 1.5 分，3 号队员扣 1.6 分，4 号队员扣 1.25 分，5 号~9 号队员未扣分。

中队仪器操作扣分 = (3.75 + 1.5 + 1.6 + 1.25 + 0 × 5) ÷ 9 = 0.9 分。

6.4.2.2　仪器操作考核项目包括以下 10 项内容。

a) 4 h 正压氧气呼吸器（1 分），标准要求和评分办法如下。

1）应知：仪器的构造、性能、各部件名称、作用和氧气循环系统，提问每错 1 题扣 0.2 分。

2）应会：设置 5 个故障，在 30 min 内正确判断并排除；判断错误或未排除 1 处扣 0.5 分，超过时间扣 0.4 分。

b) 4 h 正压氧气呼吸器更换氧气瓶（1 分），标准要求和评分办法如下。

更换氧气瓶：60 s 按程序完成，操作不正确扣 1 分，超过时间扣 0.4 分。

c) 4 h 正压氧气呼吸器更换 2 h 正压氧气呼吸器（1 分），标准要求和评分办法如下。

1）应知：仪器的构造、性能、各部件名称、作用和氧气循环系统，提问每错 1 题扣 0.2 分。

2）应会：能熟练将 4 h 正压氧气呼吸器更换成 2 h 正压氧气呼吸器，30 s 按程序完成，操作不正确扣 0.5 分，超过时间扣 0.4 分。

d) 自动苏生器（1 分），标准要求和评分办法如下。

1）应知：仪器的构造、性能、使用范围、主要部件名称和作用，提问每错 1 题扣 0.2 分。

2）应会：苏生器准备，60 s 完成，操作不正确扣 0.5 分，超过时间扣 0.4 分。

e) 氧气呼吸器校验仪（1 分），标准要求和评分办法如下。

1）应知：仪器的构造、性能、各部件名称、作用，检查氧气呼吸器各项性能指标，提问每错 1 题扣 0.2 分。

2）应会：正确检查氧气呼吸器，检查不正确每项扣 0.5 分。

f) 光学瓦斯检定器（1 分），标准要求和评分办法如下。

1）应知：仪器的构造、性能、各部件名称、作用，吸收剂名称，提问每错 1 题扣 0.2 分。

2）应会：正确检查甲烷和二氧化碳，操作或读数不正确扣 0.5 分。

g）多种气体检定器（1 分），标准要求和评分办法如下。

1）应知：仪器的构造、性能、各部件名称、作用，提问每错 1 题扣 0.2 分。

2）应会：正确检查一氧化碳三量（常量、微量、浓量）及其他气体，正确读数、换算，不正确扣 0.5 分。

h）氧气便携仪（1 分），标准要求和评分办法如下。

1）应知：仪器的构造、性能、各部件名称及作用，提问每错 1 题扣 0.2 分。

2）应会：正确检查氧气含量，不正确扣 0.5 分。

i）压缩氧自救器（1 分），标准要求和评分办法如下。

1）应知：自救器的构造、原理、作用性能、使用条件及注意事项，提问每错 1 题扣 0.2 分。

2）应会：正确佩用，不正确扣 0.5 分。

j）灾区电话（1 分），标准要求和评分办法如下。

1）应知：灾区电话的构造、性能、各部件名称及作用，提问每错 1 题扣 0.2 分。

2）应会：正确使用，不正确扣 0.5 分。

【释义】本条是对仪器操作项目考核内容、标准要求及评分办法进行了规定。

1. 4 h 正压氧气呼吸器

（1）应知：仪器构造、性能、部件名称、作用和氧气循环系统，提问 2 个以上的问题，每答错 1 题扣 0.2 分。

（2）应会：能在 30 min 内正确地判定并排除设置的 5 个仪器故障，故障判断错误或未排除，满 1 个扣 0.5 分，规定时间内未完成，扣 0.4 分。

2. 4 h 正压氧气呼吸器更换氧气瓶

60 s 内完成，不按程序操作、顺序有漏项、外壳卡扣不到位、损坏部件（漏气）均属操作不正确扣 1 分，超时扣 0.4 分。

囊式以 PSSBG4 型正压氧气呼吸器操作程序为例：①取下呼吸器外壳；②取掉抗震带；③解开氧气瓶绑带；④按手动补给阀；⑤关闭氧气瓶；⑥按手动补给阀；⑦取下被更换的氧气瓶；⑧卸掉更换氧气瓶防尘帽；⑨快速打开氧气瓶吹掉灰尘并关闭；⑩迅速将氧气瓶装好；⑪打开氧气瓶；⑫按手动补给阀；⑬查看压力值；⑭扣好氧气瓶绑带；⑮拉紧抗震带钩入手轮；⑯盖好外壳。

舱式以 HY4（ZYHS240）型正压氧气呼吸器操作程序为例：①打开扣锁并取下呼吸器上外壳；②按手动补给阀；③关闭氧气瓶；④按手动补给阀；⑤打开"T"型螺丝；⑥解开氧气瓶绑带；⑦将氧气瓶旋转 45°取下；⑧卸掉备用氧气瓶防尘帽；⑨快速打开氧气瓶吹掉灰尘并关闭；⑩迅速将氧气瓶装好；⑪上紧"T"型螺丝；⑫上好氧气瓶绑带；⑬打开氧气瓶；⑭按手动补给阀查看压力表（氧气瓶压力表不低于 18 MPa，肩挂压力表逐渐上升）；⑮扣好氧气瓶绑带；⑯盖好呼吸器上外壳并上紧扣锁。

3. 4 h 正压氧气呼吸器更换 2 h 正压氧气呼吸器

（1）应知：2 h 正压氧气呼吸器的构造、性能、部件名称、作用和氧气循环系统，提问 2 个及以上的问题，每答错 1 题扣 0.2 分。

（2）能够在 30 s 内按程序将 4 h 正压氧气呼吸器更换成 2 h 正压氧气呼吸器，操作不正确（程序颠倒、漏项、氧气瓶压力不足 18 MPa 或高压跑气均属操作不正确）扣 0.5 分，30 s 内未完成扣 0.4 分。

此项操作由 3 名队员佩用 4 h 正压氧气呼吸器完成，其中 1、2 号队员为操作者，3 号队员为被更换者。具体操作程序：①1 号队员将 2 h 正压氧气呼吸器放置在 3 号队员身前，将面罩向内翻转 180°，将头带、肩背带调整到合适长度；②2 号队员站立于 3 号队员仪器后面，将安全帽和矿灯摘下，按手动补气阀，关闭 4 h 正压氧气呼吸器氧气瓶；③1 号队员打开 2 h 正压氧气呼吸器氧气瓶，2 号队员迅速取下 3 号队员面罩，紧按着 1 号队员将面罩自下而上给 3 号队员戴上并压紧，按手动补气阀；④2 号队员迅速将 3 号队员面罩调整好并拉紧头带；并将 3 号队员 4 h 正压氧气呼吸器脱下；⑤1 号队员将 2 h 正压氧气呼吸器从 3 号队员头部上方翻转到背部，调整背带、扣好腰带（胸带）；⑥2 号队员给 3 号队员戴好安全帽及矿灯，操作完毕。

4. 自动苏生器

（1）应知：仪器的构造、性能、使用范围、主要部件名称和作用，提问 2 个及以上问题，每答错 1 题扣 0.2 分。

（2）60 s 内完成，程序错误、漏项、面罩歪扭超过 45°、接头松动、管路交叉未理顺、接错或缺件、损坏部件均按操作不正确，扣 0.5 分，规定时间内未完成扣 0.4 分。具体操作程序：①连接吸引装置，打开仪器盖子（姿势不限），打开氧气瓶，将吸引管的快速接头插在与吸痰瓶相连的硅胶软管上，以拿起吸引管不能脱离为准，开关 1 次靠近氧气瓶的引射开关旋钮，试验是否能正常通气，并理顺吸引管；②连接自动肺装置，将配气阀（供气量Ⅱ）端头相连输氧管的快速接头插在自动肺供气接头上，一手堵住自动肺的面罩接口，另一手打开配气阀（供气量Ⅱ）的旋钮开关，试验自动肺是否正常动作，自动肺正常动作时，关闭配气阀（供气量Ⅱ）的旋钮开关，并将其中 1 个吸氧面罩与自动肺面罩接口连接，拉起自动肺顶杆，理顺输氧管；③连接自主呼吸阀装置，将配气阀（供气量Ⅰ）端头相连输氧管的快速接头插在自主呼吸阀的供气接头上，将储气囊与气囊接口连接，将另 1 个吸氧面罩与面罩接口连接，以拿起自主呼吸阀装置气囊和面罩不能脱离为准，开关 1 次配气阀（供气量Ⅰ）旋钮开关，试验是否能正常通气，理顺自主呼吸阀装置的管路；④给伤员佩戴吸氧面罩，伤员头部要偏向一侧，将吸氧面罩用头带固定在伤员面部。

5. 氧气呼吸器校验仪

（1）应知：仪器的构造、性能、部件名称、作用，熟知使用氧气呼吸器完好的性能指标，提问 2 个及以上问题，每答错 1 题扣 0.2 分。

（2）应会：正确检查氧气呼吸器，检查不正确和漏检每项扣0.5分。

6. 光学瓦斯检定器

（1）应知：仪器的构造、性能、部件名称、作用，吸收剂名称，提问2个及以上问题，每答错1题扣0.2分。

（2）应会：正确检查甲烷和二氧化碳，操作或读数不正确扣0.5分。

7. 多种气体检定器

（1）应知：仪器的构造、性能、部件名称、作用，提问2个及以上问题，每答错1题扣0.2分。

（2）应会：正确检查一氧化碳三量（常量、微量、浓量）及其他气体，正确读数、换算，不正确扣0.5分。检查一氧化碳的方法：①在测定地点，将一氧化碳采取器三通开关扭成与筒身平行位置，往复推拉活塞3~4次；②将活塞向后拉，采取气样，然后将三通开关扭成45°位置；③将比长式检定管两端封口打开，把带"0"的一端插在采取器垂直出气口的胶管上；④把三通开关扭到垂直位置，以100 s的时间匀速推完。观察变色环位置，根据检定管上的数字读出一氧化碳含量。

对浓量和微量一氧化碳的检查方法：使用相应测量范围的检测管按上述方法进行检查，如没有相应测量范围的检测管时，可按下述方法进行检查：

① 对浓度高的一氧化碳可稀薄后进行检查，得出结果与稀薄的倍数相乘，就是真实含量。

② 对微量一氧化碳可重复送几次气，检查得出的结果被送气次数除，就是真实含量。

8. 氧气便携仪

（1）应知：仪器的构造、性能、部件名称及作用，提问2个及以上问题，每答错1题扣0.2分。

（2）应会：正确检查氧气含量，不正确扣0.5分。

9. 压缩氧自救器

（1）应知：压缩氧自救器的主要技术参数、结构及工作原理、使用操作方法、使用注意事项、维护与检查，提问 2 个及以上问题，每答错 1 题扣 0.2 分。

（2）应会：按照说明书操作程序正确佩戴，不正确扣 0.5 分。

10. 灾区电话

（1）应知：灾区电话的构造、性能、部件名称及作用，提问 2 个及以上问题，每答错 1 题扣 0.2 分。

（2）应会：正确连接，通话正常，连接不正确（通话过程中出现故障，电话线拉断，电话线布线错误均属于连接不正确）、通话不正常，扣 0.5 分。

本条对原《规范》6.4.2 进行了修订，修改了考核方法及要求。

6.5　救援准备（5 分）

6.5.1　闻警集合

6.5.1.1　闻警集合标准要求如下。

a）值班小队集体住宿，24 h 值班。

b）接到事故电话召请时，值班员应立即按下预警铃。

c）值班员在记录发生事故单位名称和事故地点、时间、类别、遇险人数及通知人姓名、单位、联系电话后，立即发出警报，并向值班指挥员报告。

d）值班小队闻警后，立即集合，面向指挥员列队，小队长清点人数，值班员向带队指挥员报告事故情况，指挥员布置任务后，立即发出出动命令。

e）值班小队在事故预警铃响后立即开始进行出动准备，在警报发出后 1 min 内出动。不需要乘车出动的，不应超过 2 min。计时方法：自发出事故警报起，至救护车出发为止；不需乘车时，至最后一名队员携带装备入列为止。

f）在值班小队出动后，待机小队 2 min 内转为值班小队。

g）接到矿井火灾、瓦斯和煤尘爆炸、煤（岩）与瓦斯（二氧化碳)突出等事故通知,应当至少派2个救护小队同时赶赴事故地点。

h)救护队出动后,接班人员应当记录出动小队编号及人数、带队指挥员、出动时间、记录人姓名,并向救护队主要负责人报告。救护队主要负责人应当向单位主管部门和省级矿山救援管理机构报告出动情况。

6.5.1.2 闻警集合评分办法如下。

a)值班小队少1人,扣1分;少于6人或未24 h值班,该项无分。

b)不打预警铃扣0.5分。

c)出动队次不符合规定扣2分。

d)出动时间超过规定扣1分。

e)记录内容错误、不全或缺项,每处扣0.5分。

f)未按规定程序出动,缺1个程序扣0.5分。

g)待机小队转为值班小队超过规定时间扣1分。

h)未按规定报告,扣0.5分。

【释义】本条是对闻警集合的标准要求及评分办法进行了规定。

(1)以小队为单位执行24 h值班,并设立待机小队。值班小队闻警集合时少1人,扣1分;少于6人或未实行24 h值班,该项无分。

(2)接到事故电话召请时,电话值班员应立即按下预警铃,否则,扣0.5分。

(3)电话值班员应准确记录事故单位名称和事故地点、时间、类别、遇险人数及通知人姓名、单位、联系电话,发出出动警报,并向值班指挥员报告,记录内容错误、不全或缺项,每处扣0.5分;未发出出动警报,未按规定报告,每处扣0.5分。

(4)值班小队闻警后,应跑步集合,面向指挥员列队,小队长清点人数,电话值班员向带队指挥员报告事故情况,指挥员布置任务,并发出出动命令,缺1个程序,扣0.5分。

(5)值班小队乘车出动时,自发出事故出动警报,至救护车车轮转动，不得超过 1 min，否则，扣 1 分。

（6）不需要乘车出动的，不得超过 2 min。计时方法：自发出事故警报起，至最后一名队员携带装备入列为止，否则，扣 1 分。

（7）值班小队出动后，待机小队应在 2 min 内转为值班小队，否则，扣 1 分。

（8）接到矿井火灾、瓦斯和煤尘爆炸、煤（岩）与瓦斯（二氧化碳）突出等事故通知时，应至少派出 2 个救护小队同时赶往事故矿井进行救援，否则，扣 2 分。

（9）值班队出动后，接班人员应当记录出动小队编号及人数，带队指挥员出动时间，记录人和姓名，并向救护队主要负责人汇报。救护队主要负责人应按规定时间及时向单位主管部门和省级矿山救援管理机构汇报出动情况，否则，扣 0.5 分。

本条对原《规范》6.5.1 进行了修订，明确了闻警集合出动时的计时方法，增加了矿井火灾、瓦斯和煤尘爆炸、煤（岩）与瓦斯（二氧化碳）突出等事故出动要求及报告程序。

6.5.2　入井准备

6.5.2.1　入井准备标准要求如下。

a）按规定，根据事故类别带齐救援装备。

b）指战员着防护服，带装备下车。

c）领取、布置任务。

d）正确进行氧气呼吸器战前检查（包括自检和互检），并做好入井准备，2 min 内完成。

e）到达指定位置后，小队长整理队伍，下达战前检查口令。

f）自检顺序为摘安全帽、戴面罩、检查面罩气密性、检查呼吸阀、打开氧气瓶、检查自动补给阀、检查手动补给阀、检查排气阀、观察氧气压力表、关闭氧气瓶。互检顺序为小队长依次检查队员呼吸器外壳、面罩、头带、氧气压力等，最后一名队员对小队长仪器进行检查。

战前检查完毕，小队长问"装备"，队员答"齐全"；小队长问"仪器",队员答"完好";小队长问"压力",队员依次报告"××MPa",小队长最后报告自己的仪器压力。小队长向中队指挥员报告:"报告首长,×小队实到×人,装备齐全,仪器完好,最低气压××MPa,请指示。小队长×××。"中队指挥员发布命令后,小队长回答"是",然后向小队布置任务。

6.5.2.2 入井准备评分办法如下。

a) 小队少1人扣1分,少于6人该项无分。

b) 小队和个人装备每缺少1件扣1分。

c) 1人不着防护服扣1分。

d) 顺序颠倒、漏项、漏报或报告内容错误,每处扣0.5分。

e) 战前检查按照实战要求进行,超过规定时间扣0.5分。战前检查操作不正确1人次扣0.5分。

【释义】本条是对入井准备的标准要求及评分办法进行了规定。

(1) 根据事故类别,按辖区自定的灾害事故携带装备清单,带齐小队及个人救援装备并带下车,否则,每缺1件,扣1分。

(2) 指战员应着专用救护防护服,否则,每人扣1分。

(3) 小队少1人扣1分;少于6人,该项无分。

(4) 小队和个人装备每缺少1件,扣1分;仪器、装备不完好或氧气压力不符合规定按缺少装备论处。

(5) 到达指定位置后,全小队携带必要的技术装备下车,小队长整理队伍,组织战前检查,小队长下达"战前检查开始"口令开始计时,战前检查完成后,小队长下达"战前检查结束"口令后计时结束,2 min内完成。

战前检查包括自检和互检,首先自检再进行互检。顺序如下:摘安全帽、戴面罩、戴安全帽、检查面罩气密性、检查呼吸阀、打开氧气瓶、检查自动补给阀、检查手动补给阀、检查排气阀、观察氧气压力表、检查联络绳等附件;小队长依次检查队员呼吸器外壳、面罩、头带、呼吸软管、氧气压力等,最后一名队员对小队长仪器进行检查,关闭氧气瓶、摘安全帽、摘面罩、戴安全帽。

　　战前检查完毕，小队长问"装备"，队员答"齐全"；小队长问"仪器"，队员答"完好"；小队长问"压力"，队员依次报告"××MPa"，小队长最后报告自己的仪器压力。小队长向中队指挥员报告："报告首长，×小队实到×人，装备齐全，仪器良好，最低气压××MPa，请指示。小队长×××。"中队指挥员发布命令后，小队长回答"是"，然后向小队布置任务，布置完任务后小队长问："明白吗"，队员答："明白"，此时小队人员成立正姿势。

　　以上程序超时、顺序颠倒、漏项、漏报、报告内容错误或报告压力与实际不符，每处扣0.5分；操作不正确，每人次扣0.5分。

　　本条对原《规范》6.5.2进行了修订，增加了自检顺序和互检顺序，增加了战前检查完毕后的报告程序，规范了小队长、队员报告词。

6.6　医疗急救（5分）

6.6.1　考核方法及要求

　　以小队为单位，按规定人数随机确定一组人员，随机确定2个及以上小项进行考核。小队进行全部3个小项考核时，按逐小项检查扣分方式计算；未进行全部3个小项考核时，按抽小项检查扣分方式计算。小队扣分为中队医疗急救扣分。

　　【释义】本条文是对医疗急救考核方法及要求进行了规定。

　　医疗急救由急救器材、心肺复苏基本知识及操作和伤员急救包扎转运模拟训练3个小项组成。

　　考核时以小队为单位，可对3个小项全部进行考核，也可随机抽2个小项进行考核，被考核人员随机确定。3个小项全部考核时，按逐小项检查扣分方式计算。

　　未进行全部3个小项考核时，按抽小项检查扣分方式计算。该项扣分值＝该项标准分×该项总扣分率＝该项标准分×该项实际抽查小项扣分率的平均值。

　　（1）以小队为单位，3个小项全部考核时，按逐小项检查扣分方式计算。

$$K = A_1 + A_2 + A_3 \qquad (2-7)$$

式中 K——医疗急救扣分值;

A——小项扣分值。

（2）以小队为单位，随机抽取 2 个小项考核时，按抽小项检查扣分方式计算，被考核人员随机确定。医疗急救扣分值 = 标准分 × 总扣分率 = 标准分 × 实际抽查小项扣分率平均值。

$$K = 5 \times \sum_{i=1} \frac{A_i / B_i}{2} \qquad (2-8)$$

式中 K——医疗急救扣分值;

A——抽查小项扣分值;

B——抽查小项标准分。

【案例】抽取急救器材、心肺复苏基本知识及操作 2 个小项，急救器材扣 0.5 分，该小项扣分率 = 0.5 ÷ 1 = 50% 。心肺复苏基本知识及操作扣 0.4 分，该小项扣分率 = 0.4 ÷ 2 = 20% ；总扣分率 = （50% + 20% ） ÷ 2 = 35% 。

医疗急救扣分值 = 5 × 35% = 1.75 分。

本条对原《规范》6.6 进行了修订，医疗急救考核项目由原来的两项增加为三项，增加了"急救器材"考核项目，大幅修改了医疗急救考核内容和要求。

6.6.2 考核项目

6.6.2.1 急救器材（1分）

矿山救护中队、小队医疗急救器材基本配备标准及扣分办法见表 2 - 5、表 2 - 6。

表 2 - 5 矿山救护中队急救器材基本配备标准

器 材 名 称	要 求	单位	数量	扣分
模拟人	—	套	1	0.5
背夹板	—	副	4	0.5
负压夹板	或者充气夹板	套	3	0.5

表 2 - 5（续）

器 材 名 称	要　　求	单位	数量	扣分
颈托	大、中、小号各 2 副	副	6	0.5
聚酯夹板	或者木夹板	副	10	0.5
止血带	—	个	20	0.5
三角巾	—	块	20	0.5
绷带	—	m	50	0.5
剪子	—	个	5	0.5
镊子	—	个	10	0.5
口式呼吸面罩/隔离膜	口对口人工呼吸用面罩	个	5/50	0.5
医用手套	—	副	20	0.5
开口器	—	个	6	0.5
夹舌器	—	个	6	0.5
伤病卡	—	张	100	0.5
相关药剂	碘伏、消炎药等	—	若干	0.5
医疗急救箱	—	个	1	0.5
防护眼镜	—	副	3	0.5
医用消毒大单	—	条	2	0.5

表 2 - 6　矿山救护小队急救器材基本配备标准

器 材 名 称	要　　求	单位	数量	扣分
颈托	可调试	副	2	0.5
聚酯夹板	—	副	2	0.5
三角巾	—	块	10	0.5
绷带	—	m	5	0.5
消炎消毒药水	酒精、碘伏等	瓶	2	0.5

表 2 - 6（续）

器 材 名 称	要 求	单位	数量	扣分
药棉	—	卷	2	0.5
剪子	—	个	1	0.5
衬垫	—	卷	5	0.5
冷敷药品	—	份	2	0.5
口式呼吸面罩/隔离膜	—	个	2/20	0.5
医用手套	—	副	2	0.5
夹舌器	—	个	1	0.5
开口器	—	个	1	0.5
镊子	—	个	2	0.5
止血带	—	个	5	0.5
无菌敷料	或无菌纱布	份	10	0.5

【释义】本条是对矿山救护中队、小队医疗急救器材配备标准及评分办法进行了规定。

矿山救护中队、小队医疗急救器材的配备按附表所列数量及要求配备。不符合表中要求、数量不足的器材，按该器材扣分值扣分，即扣 0.5 分。所有器材扣分之和，即为急救器材扣分，急救器材扣分不超过 1 分。

特别注意消炎消毒药水数量要求 2 瓶是指酒精和碘伏各 1 瓶。聚酯夹板可用木质夹板代替。

本条对原《规范》6.6 进行了修订，增加了"急救器材"考核项目。

6.6.2.2 心肺复苏基本知识及操作（2 分）

6.6.2.2.1 心肺复苏基本知识及操作标准要求如下。

a）掌握心肺复苏（CPR）基本知识，能够正确对模拟人进行心肺复苏操作。

1）判定事发现场安全、配备个人防护装备后，并开始施救。

2）快速判断伤员反应，确定意识状态，判断有无呼吸或呼吸异常（如仅仅为喘息），在 5 s ~ 10 s 内完成。方法：轻拍或摇动伤员，并大声呼叫："您怎么了。"如果伤员有头颈部创伤或怀疑有颈部损伤，必要时才能移动伤员，对有脊髓损伤的伤员不要随意搬动。

3）呼救及寻求帮助。

4）将伤员放置心肺复苏体位。将伤员仰卧于坚实平面，施救队员跪于伤员肩旁。

5）判断有无动脉搏动，在 5 s ~ 10 s 内完成。用一手的食指、中指轻置伤员喉结处，然后滑向同侧气管旁软组织处（相当于气管和胸锁乳突肌之间）触摸颈动脉搏动。

6）胸外心脏按压。①定位：队员用靠近伤员下肢手的食指、中指并拢，指尖沿其肋弓处向上滑动（定位手），中指端置于肋弓与胸骨剑突交界即切迹处，食指在其上方与中指并排。另 1 只手掌根紧贴于定位手食指的上方固定不动；再将定位手放开，用其掌根重叠放于已固定手的手背上，两手扣在一起，固定手的手指抬起，脱离胸壁。②姿势：队员双臂伸直，肘关节固定不动，双肩在伤员胸骨正上方，用腰部的力量垂直向下用力按压。③频率：100 次/min ~ 120 次/min。深度：成人 50 mm ~ 60 mm。下压与放松时间比为 1∶1。

7）畅通呼吸道。①仰头举颏法（或仰头举颌法）：队员 1 只手的小鱼际肌放置于伤员的前额，用力往下压，使其头后仰，另 1 只手的食指、中指放在下颌骨下方，将颏部向上抬起。②下颌前移法（托颌法）：队员位于伤员头侧，双肘支持在伤员仰卧平面上，双手紧推双下颌角，下颌前移，拇指牵引下唇，使口微张。

8）开放气道时还应查看口腔内有无异物，若有异物，吹气前应先清除异物。

9）如果最初有颈动脉搏动而无呼吸或经 CPR 急救后出现颈动脉搏动而仍无呼吸，则应开始进行人工呼吸，人工呼吸的频率应为 10 次/min ~ 12 次/min（不包括初始 2 次吹气）。

b）单人心肺复苏要求如下。

1）由同一个队员顺次轮番完成胸外心脏按压和口对口人工呼吸。

2）队员测定伤员无脉搏，立即进行胸外心脏按压30次，频率100次/min～120次/min，然后俯身打开气道，进行2次连续吹气，再迅速回到伤员胸侧，重新确定按压部位，再做30次胸外心脏按压，如此循环操作。

3）进行5次循环（2 min左右）后，再次检查脉搏、呼吸（要求在5 s～10 s内完成）。若无脉搏呼吸，再进行5次循环，如此重复操作。

c）双人心肺复苏要求如下。

1）由两名队员分别进行胸外心脏按压和口对口人工呼吸。

2）其中1人位于伤员头侧，1人位于胸侧。按压频率仍为100次/min～120次/min，按压与人工呼吸的比值仍为30∶2，即30次胸外心脏按压给以2次人工呼吸。

3）位于伤员头侧的队员承担监测脉搏和呼吸，以确定复苏的效果。5个周期按压和吹气循环后，若仍无脉搏呼吸，两名施救者进行位置交换。

6.6.2.2.2　心肺复苏基本知识及操作评分办法如下。

a）心肺复苏基本知识回答不正确，1处扣0.4分。

b）未检查现场安全，扣0.4分。

c）未佩戴防护用品，扣0.4分。

d）未呼救及寻求帮助，扣0.4分。

e）伤员心肺复苏体位不正确，扣0.4分。

f）未对伤员进行脉搏判断，或判断方法不正确，扣0.4分。

g）未开放伤员呼吸道或开放方式不正确，扣0.4分。

h）未检查伤员口中异物，或清理异物方式不正确，扣0.4分。

i）未判断伤员有无呼吸或判断不正确，扣0.4分。

j）胸外按压的位置、幅度及按压方法不正确，扣0.4分。

k）胸外按压的次数、频率不正确，扣 0.4 分。

l）人工呼吸的吹气幅度、吹气频率不正确，扣 0.4 分。

m）伤员昏迷体位放置不正确，扣 0.4 分。

【释义】本条是对心肺复苏基本知识及操作的标准要求和评分办法进行了规定。

1. 心肺复苏的基本知识

应掌握心肺复苏的基本知识，能够正确的对模拟人进行心肺复苏操作。心肺复苏基本知识提问回答不正确，每处扣 0.4 分。

（1）操作时，应首先对现场环境进行安全检查，判定现场环境安全，佩戴防护眼镜、医用手套、口式呼吸面罩/隔离膜等个人防护用品后，开始对伤员进行施救。未对现场环境进行安全检查，扣 0.4 分，未佩戴防护用品，每人扣 0.4 分。

（2）对伤员施救时，要快速判断伤员反应，确定意识状态，判断有无呼吸或呼吸异常（如仅仅为喘息），在（5 s～10 s）内完成。判断方法：轻拍或摇动伤员，并大声呼叫："您怎么了"，如果伤员有头颈部创伤或怀疑颈部损伤，无特殊情况不要随意移动伤员，对有脊髓损伤的伤员不要随意搬动。每有 1 处达不到要求，按判断方法不正确论处，扣 0.4 分。

（3）检查完毕后，迅速呼救及寻求他人帮助，否则，扣 0.4 分。

（4）救助时，应将伤员放置心肺复苏体位，将伤员仰卧于坚实平面，施救队员跪于伤员肩旁，否则，扣 0.4 分。

（5）判断伤员有无动脉搏动时，用一手的食指、中指轻置伤员喉结处，然后滑向同侧气管旁软组织处，触摸颈动脉搏动，在（5～10 s）内完成，否则，视为判断方法不正确。未对伤员进行脉搏判断、判断方法不正确、未在规定时间内完成，每次扣 0.4 分。

（6）胸外心脏按压。①先定位：队员用靠近伤员下肢的手（定位手），食指、中指并拢，指尖沿其肋弓处向上滑动，中指端置于肋弓与胸骨剑突即切迹处，食指在其上方与中指并排；另 1 只手掌紧贴于定位手食指的上方固定不动；再将定位手放开，用其掌根叠放于已固定手的手背上,两手扣在一起,固定手的手指抬起,脱离胸壁。定位方法不正确,扣0.4分;②姿势:操作队员双臂伸直,肘关节固定不动,双肩在伤员胸骨正上方,用腰部的力量垂直向下用力按压;按压方法不正确,扣0.4分;③操作时,胸外按压为30次/组,频率为100次/min ~ 120次/min,按压深度为成人在50 mm ~ 60 mm,下压与放开时间比为1:1,否则,为不正确,每处扣0.4分。

(7)畅通呼吸道方法。①采用仰头举颏法(或仰头举颌法):队员1只手的小鱼际肌放置于伤员的前额,用力往下压,使其头后仰,另1只手的食指、中指放在下颌骨下方,将颏部向上抬起;②采用下颌前移法(托颌法):队员位于伤员头侧,双肘支持在伤员仰卧平面上,双手紧推双下颌角,下颌前移,拇指牵引下唇,使口微张。

未开放伤员呼吸道或开放方式不正确扣0.4分。

(8)开放气道时,还应查看口腔内有无异物,若有异物,吹气前应首先清除异物;未检查伤员口中异物,未清理口中异物或清理异物方式不正确,扣0.4分。

(9)如果最初有颈动脉搏动而无呼吸或经CPR急救后出现颈动脉搏动而仍无呼吸,则应开始进行人工呼吸,人工呼吸的频率应为10次/min ~ 12次/min(不包括初始2次吹气)。人工呼吸吹气幅度、吹气频率不正确,每人次扣0.4分。

(10)若伤员处于昏迷状态时,应将伤员置于昏迷体位。放置不正确,扣0.4分。

2. 单人心肺复苏要求

(1)由1名操作队员依次完成胸外心脏按压和口对口人工呼吸。

(2)若判定伤员无脉搏,立即进行胸外心脏按压30次,频率100次/min ~ 120次/min,然后俯身打开气道,进行2次连续吹气,再迅速回到伤员胸侧,重新确定按压部位,再做30次胸外心脏按压,如此往复进行;按压次数(30次/组)、频率、幅度不正确,每处扣0.4分。

(3)规定时间内进行5个循环后,再次检查脉搏(5 s ~ 10 s内完成）、呼吸（5 s～10 s 内完成）。5 个循环后，未在规定时间内检查呼吸和脉搏，扣 0.4 分；若无脉搏、呼吸，应再进行 5 次循环，如此周而复始，否则，扣 0.4 分。

3. 双人心肺复苏要求

（1）由两名队员分别进行胸外心脏按压和口对口人工呼吸。

（2）其中 1 人位于伤员头的一侧，另 1 人位于伤员胸的一侧。按压频率仍为 100 次/min～120 次/min，按压与吹气的比值仍为 30：2，位于伤员胸侧队员按压 30 次后，位于伤员头侧队员给伤员吹 2 口气。按压频率、按压次数、按压幅度、吹气次数、吹气幅度、吹气频率等，每有 1 项达不到要求扣 0.4 分。

（3）位于伤员头侧的队员负责监测伤员的脉搏和呼吸，以判定心肺复苏的效果。5 个循环的按压和吹气后，若伤员仍无脉搏、呼吸，两名施救者应迅速进行位置交换，否则，按按压方法不正确进行扣分。

本条对原《规范》6.6.1 进行了修订。

6.6.2.3　伤员急救包扎转运模拟训练（2 分）

6.6.2.3.1　伤员急救包扎转运模拟训练标准要求

掌握现场急救基本常识，能够对伤员受何种伤害、伤害部位、伤害程度进行正确的分析判断，并熟练掌握各种现场急救方法和处理技术。主要内容包括：能正确对伤员进行伤情检查和诊断，掌握止血、包扎、骨折固定以及伤员搬运等现场急救处理技术。由 3 人组成 1 个医疗急救小组，对指定的伤情进行处置，处置在 20 min 内完成。

a）检查事故现场，确保自身安全。施救前佩用个人防护装备。

b）初步评估伤员。如果伤员无反应，应进行心肺复苏（仅告知检查组，不进行具体操作）；如果有大出血，应同时控制大出血。

c）处理大出血。发现大出血应立即处置：用厚敷料直接压迫伤口，同时按压伤口外近心端的动脉止血点，并抬高伤肢，然后再用绷带加压包扎伤口。根据检查组提示，必要时在相应肢端近心端绑扎止血带。

d)详细评估伤员。检查头部（头皮、头发里伤口）—面部—颈部—胸部—腹部—腰部—骨盆—生殖器（检查生殖器区明显的外伤）—下肢（检查下肢是否瘫痪，询问伤员让其活动肢体，触摸伤员双足询问有无感觉）—上肢（检查上肢是否瘫痪，询问伤员让其活动肢体并与伤员握手检查其握力，触摸伤员双手询问有无感觉）—翻身检查背部（当检查后背伤时，3人同处一侧要统一口令，遵从1人指挥；1人位于伤员肩膀一侧，1人位于伤员臀部一侧，1人位于伤员膝盖一侧，同时轻轻翻转伤员）。检查伤员背部翻身后应检查伤员头枕部、颈后及脊柱区、肩胛区和臀部。最后检查手腕或颈部的标牌。

e)抗休克处理。轻轻松开伤员颈部，胸部及腰部过紧衣物（扣子、拉链、腰带等），保证伤员呼吸和血液循环更畅通。对无头颈或胸部伤的休克伤员一般采取头低脚高位，应将脚端垫高，以促进血液供应重要脏器；对有头颈伤或胸部伤的伤员，若无休克表现应垫高头端，若有休克表现则应保持平卧位。尽量保持伤员体温，盖保温毯。保持伤员情绪稳定，安抚伤员。

f)处理创伤。处理顺序：先处理烧烫伤，再处理创伤，最后处理骨折。用消毒纱布或敷料包扎伤口，烧烫伤应注意纱布是否需要湿润，注意手指间、足趾间及耳背等处必要的隔离，扭挫伤应冷敷或抬高伤肢，胸部穿透伤应封闭伤口，注意绷带的使用及正确使用三角吊带。

g)处理骨折的方法如下。

1）对于扭伤、拉伤急救，应抬高受伤部位，使肢体处于放松状态。用冰袋减轻肿胀疼痛感，（使用冰袋时不能直接接触皮肤，把冰袋裹上毛巾或其他软布）。如扭伤部位在踝部，用绷带"8"字包扎踝关节。

2）若受伤肢体有严重的肿胀并有青紫瘀斑，则应怀疑骨折需按骨折对待。

3）处置颈椎损伤，应采用合适颈托；骨盆骨折用带状三角巾包扎固定；四肢骨折用夹板固定。

4）如怀疑头颅骨折，除包扎头部伤口外，还应抬高头端。

5）对于四肢骨折（除有肿胀、青紫瘀斑外还有伤肢的畸形和反常活动），夹板固定前均应专人用手固定骨折处两端保持肢体不动。

6）四肢骨折如为开放性骨折，应先包扎伤口，用敷料、纱布、绷带（最少包扎两圈）或带状三角巾包扎（如有动脉出血应先止血），然后再用夹板固定。

7）如为脊柱骨折，应3人共同将伤员用平托法或滚身法抬上背夹板，若存在颈椎伤，则需专人扶伤员头部（或抬人前佩戴颈托）。

h）转运伤员的方法如下。

1）检查担架可靠性，1名队员俯卧担架上，两臂自然下垂，两名队员抬起担架测试。

2）3人搬动伤员时，均应位于伤员受轻伤的一侧，单膝着地，1人位于伤员肩膀一侧抬伤员头颈部和肩膀（若有颈椎损伤，应有专人扶伤员头部固定颈椎或提前佩戴颈托），1人位于伤员臀部一侧抬伤员臀部和背部，1名位于伤员膝盖一侧抬伤员膝盖和踝。统一遵从1人指挥，按照口令慢慢抬起，动作协调一致，发出口令同时轻轻移动到担架上，盖好保温毯。

3）可自行活动的伤员不需担架；休克或不能行走的伤员均应抬上担架，上肢有伤或昏迷伤员应悬吊固定上肢。

4）搬运顺序为先运送重伤员，再运送轻伤员。

6.6.2.3.2　伤员急救包扎转运模拟训练评分办法

伤员急救包扎转运模拟训练评分办法如下。

a）操作队员和伤员不按要求着装或佩带装备，每少1件扣0.4分。

b）超过时间扣0.4分。

c）未检查现场安全，伤员矿工帽、矿灯、高筒胶鞋未脱下，每处扣0.4分。

d）对伤员未评估，评估程序不正确，扣0.4分。

e）如果需要心肺复苏，告知检查组，未告知扣0.4分。

f) 按压动脉止血点位置错误，扣0.4分。

g) 止血带未扎紧或自动松开，衬垫位置放错，未做止血标记，扣0.4分。

h) 伤口未放无菌纱布或敷料，绷带未完全包住敷料，绷带打结方法错误，每处扣0.4分。

i) 抗休克处理不正确或未进行，扣0.4分。

j) 创伤处理顺序不正确，或处理方式不正确，扣0.4分。

k) 对骨折处理不正确，扣0.4分。

l) 夹板使用不当，夹板和衬垫放错位置或未加衬垫，每处扣0.4分。

m) 固定骨折时绷带绑扎位置错误，应用绷带数量不足，每处扣0.4分。

n) 需要时，没有应用三角吊带，或三角吊带使用错误，扣0.4分。

o) 未给伤员盖保温毯，扣0.4分。

p) 搬运伤员方法、顺序错误，扣0.4分/次。

【释义】本条是对伤员急救包扎转运模拟训练的标准要求及评分办法进行了规定。操作人员要掌握急救基本常识，能够正确对伤员受何种伤害、伤害部位、伤害程度进行分析判断，并熟练掌握现场急救方法和处理技术。主要内容包括：一是正确对伤员进行伤情检查和诊断，二是掌握止血、包扎、骨折固定以及伤员转运等现场急救处理技术。

（1）操作时由3名队员组成1个医疗急救小组，对指定的伤员伤情进行处置，在20 min内完成（医疗急救小组接到急救任务通知书开始计时，将担架抬起为止）。超过规定时间，扣0.4分。

（2）操作队员应佩戴防护眼镜、医用手套、口式呼吸面罩/隔离膜等个人防护用品，伤员应戴矿工帽、矿灯、高筒胶靴，否则，每少一件扣0.4分。

（3）进入事故现场，首先对事故现场进行安全检查，确保操作队员及伤员安全，应将伤员矿工帽、矿灯、高筒胶鞋脱下，否则，每处扣0.4分。

（4）对伤员进行初步评估。如果伤员无反应，应按照心肺复苏程序进行，检查伤员脉搏与呼吸，若无脉搏或者呼吸，应告知检查组，但不进行具体心脏按压及人工呼吸操作；如果有大出血，应同时控制大出血。未对伤员进行初步评估扣0.4分，如果需要心肺复苏，未告知检查组扣0.4分。

（5）发现大出血应立即处置：用厚敷料直接压迫伤口（如若是开放性骨折处伤口伴有大出血，不适宜压迫伤口），同时按压伤口外近心端的动脉止血点，并抬高伤肢，然后再用绷带加压包扎伤口（如若是开放性骨折处伤口伴有大出血，不适宜加压包扎伤口，宜松敷，起到隔离外界污染即可）。根据检查组提示，必要时在相应肢体近心端绑扎止血带。按压动脉止血点位置错误，扣0.4分；止血带未扎紧或自动松开，敷料衬垫位置放错，未做止血标记，每处扣0.4分。

（6）伤口未放敷料或无菌纱布，绷带未完全包住辅料，绷带打结方法错误，每处扣0.4分。

绷带必须打活结，具体打结方法：两手各持一条绷带的末端，先是右边在左边的上面，然后再左边在右边的上面，这样就形成一结（这是个活结），反之亦然。

（7）对伤员进行详细评估时，评估顺序为：头部→面部→颈部→胸部→腹部→腰部→骨盆→生殖器区→下肢→上肢→翻身检查背部（头枕部→颈后区→脊柱区→肩胛区→臀部）→手腕或颈部的标牌。下肢检查时，要检查下肢是否瘫痪，询问伤员让其活动肢体，触摸伤员双足询问有无感觉；上肢检查时，要检查上肢是否瘫痪，询问伤员让其活动肢体并与伤员握手检查其握力，触摸伤员双手询问有无感觉。未对伤员进行评估、漏项、评估顺序不正确，扣0.4分。

检查伤员后背时翻身方法：3人在伤员同一侧，1人位于肩膀一侧，1人位于臀部一侧，1人位于膝盖一侧，统一口令，同时轻轻翻转伤员，否则按评估顺序不正确论处。

（8）抗休克处理。应轻轻松开伤员颈部、胸部及腰部过紧衣物，保证伤员呼吸和血液循环畅通；头颈或胸部无伤的休克伤员脚端应垫高；头颈或胸部有伤的伤员若无休克表现头端应垫高，若有休克表现则应保持平卧位；盖好保温毯保持体温，安抚伤员情绪稳定，否则，扣0.4分。

（9）处理创伤。①除在初评时需处理大出血处，处理其他创伤等伤情均应在详细评估之后，处理顺序：先处理烧烫伤，再处理创伤，最后处理骨折；顺序不正确扣0.4分；②处理方式：用消毒纱布或敷料包扎伤口，重度烧伤用干敷料、轻度烧伤用湿敷料，手指间、足趾间及耳背等处要隔离；扭挫伤应冷敷或抬高伤肢；胸部穿透伤应封闭伤口，正确使用绷带及三角吊带，处理方式不正确，扣0.4分；需要使用三角吊带时，没有使用或使用错误，扣0.4分；伤口未放敷料或无菌纱布，绷带未完全包住敷料或无菌纱布，绷带打结方法错误，每处扣0.4分。

（10）处理骨折。①对于扭伤、拉伤急救，应抬高受伤部位，使肢体处于放松状态；用冰袋减轻肿胀疼痛感（使用冰袋时不能直接接触皮肤，把冰袋裹上毛巾或其他软布）；如扭伤部位在踝部，用绷带"8"字包扎踝关节；否则，扣0.4分；②若受伤肢体有严重的肿胀并有青紫瘀斑，则应怀疑骨折需按骨折对待；否则，扣0.4分；③处置颈椎损伤，应采用合适颈托；骨盆骨折用带状三角巾包扎固定；四肢骨折用夹板固定；否则，扣0.4分；④如怀疑头颅骨折，除包扎头部伤口外，还应抬高头端；否则，扣0.4分；⑤对于四肢骨折（除有肿胀、青紫瘀斑外还有伤肢的畸形和反常活动），夹板固定前应有专人用手固定骨折处两端；否则，扣0.4分；⑥四肢骨折如为开放性骨折，应先包扎伤口，用敷料、纱布、绷带（包扎不少于两圈）或带状三角巾包扎（如有动脉出血应先止血），然后再用夹板固定，在每块夹板两头各放置一块衬垫；夹板使用不当，夹板和衬垫放错位置或未加衬垫，每处扣0.4分；绷带绑扎位置错误、数量不符合要求，每处扣0.4分；⑦如为脊柱骨折，应3人共同将伤员用平托法或滚身法抬上背夹板，否则，扣0.4分；若存在颈椎伤，应有专人扶伤员头部（或抬人前佩戴颈托），否则，扣0.4分。

未给伤员盖保温毯，扣0.4分。

（11）转运伤员。①检查担架可靠性，一名操作队员俯卧担架上，两臂自然下垂，两名操作队员抬起担架测试，否则，每次扣0.4分；②3人搬动伤员时，均应位于伤员受轻伤的一侧，单膝着地，1人位于伤员肩膀一侧抬伤员头颈部和肩膀（若有颈椎损伤，应有专人扶伤员头部固定颈椎或提前佩戴颈托），1人位于伤员臀部一侧抬伤员臀部和背部，一名位于伤员膝盖一侧抬伤员膝盖和踝，统一遵从1人指挥，按照口令慢慢抬起，动作协调一致，发出口令同时轻轻移动到担架上，盖好保温毯；否则，每处扣0.4分；③休克或不能行走的伤员均应抬上担架，上肢有伤或昏迷伤员应悬吊固定上肢，否则，扣0.4分；④搬运顺序：若伤为2人及以上时，先运送重伤员，再运送轻伤员，否则，每次扣0.4分。

本条对原《规范》6.6.2进行了修订。

6.7 技术操作（13分）

6.7.1 考核方法及要求

技术操作考核方法及要求如下。

a）考核时以小队为单位，随机确定2个及以上小项进行考核。小队进行全部6个小项考核时，按逐小项检查扣分方式计算；未进行全部6个小项考核时，按抽小项检查扣分方式计算。小队扣分为中队技术操作扣分。

b）所有技术操作项目佩用氧气呼吸器，正确使用音响信号；暂不使用的装备、工具可放置在基地，工作结束后带回。

c）在灾区工作时，氧气呼吸器发生故障应立即处理。当处理不了时，全小队退出灾区，处理后再进入灾区。操作中出现工伤事故，不能坚持工作时，全小队退出灾区，安置伤员后，再进入灾区继续操作；少于 6 人时，不应继续操作。

d）挂风障、建造木板密闭墙、建造砖密闭墙、架木棚（均在断面为 4 m² 的不燃性梯形巷道内进行）、安装局部通风机和接风筒、安装高倍数泡沫灭火机等项目连续操作，每项之间允许休息时间不应超过 10 min。

【释义】 本条是对技术操作时的考核方法及要求进行了规定。

（1）以小队为单位，6 个小项全部考核时，按逐小项检查扣分方式计算。

$$K = A_1 + A_2 + \cdots + A_6 \qquad (2-9)$$

式中　K——技术操作扣分值；

　　　A——小项扣分值。

（2）以小队为单位，若随机确定 2 个及以上小项考核时，按抽小项检查扣分方式计算。技术操作扣分值 = 标准分 × 总扣分率 = 标准分 × 实际抽查小项扣分率平均值：

$$K = 13 \times \sum_{i=1}^{n} \frac{A_i/B_i}{n} \qquad (2-10)$$

式中　K——技术操作扣分值；

　　　A——抽查小项扣分值；

　　　B——抽查小项标准分；

　　　n——抽查小项数量（$n = 2,3,4,5$）。

【案例】 若随机抽查挂风障（2 分）和架木棚（3 分）2 个小项。挂风障扣 0.3 分，架木棚扣 0.6 分，2 个小项的平均扣分率 = （0.3 ÷ 2 + 0.6 ÷ 3）÷ 2 = 17.5% 。

技术操作项目总扣分 = 13 × 17.5% = 2.275 分，则技术操作项目得分 = 13 - 2.275 = 10.725 分。

（3）进行技术操作时，操作人员必须着防护服、穿胶靴、系毛巾、戴安全帽、矿灯（矿灯必须插在安全帽上）佩用氧气呼吸器进行；使用的工具数量不限，暂不使用的装备、工具可放置在基地，工作结束必须带回。

（4）在灾区工作时，若氧气呼吸器发生故障，必须停止工作，立即处理；若故障处理不了，全小队应退出灾区，处理好（或更换备用氧气呼吸器）后，再进入灾区；若人员出现工伤或身体不适等不能坚持工作，全小队应退出灾区，安置好伤员后，再进入灾区；少于 6 人时，不得进入灾区。

（5）进行挂风障、建造木板密闭墙、建造砖密闭墙、架木棚、安装局部通风机和接风筒、安装高倍数泡沫灭火机等技术项目操作时，佩用氧气呼吸器连续操作，2 个项目的间隔时间不得超过 10 min，期间正常佩用氧气呼吸器。

本条对原《规范》6.7 进行了修订，新《规范》将"一般技术操作"修改为"技术操作"，并且删除了"安装惰性气体发生装置或惰泡装置"考核项目。

6.7.2　考核项目

6.7.2.1　挂风障（2 分）

6.7.2.1.1　挂风障标准要求如下。

a）用 4 根方木架设带底梁的梯形框架，在框架中间用方木打一立柱。架腿、立柱应坐在底梁上。中柱上下垂直，边柱紧靠两帮。

b）风障四周用压条压严，钉在骨架上。中间立柱处，竖压 1 根压条，每根压条不少于 3 个钉子，压条两端与钉子间距不应大于 100 mm。同一根压条上的钉子分布均匀（相差不应超过 150 mm）。

c）同一根压条上的钉子分布大致均匀，底压条上相邻两钉的间距不小于 1000 mm，其余各根压条上相邻两钉的间距不小于 500 mm。钉子应全部钉入骨架内，跑钉、弯钉允许补钉。

d）结构牢固，四周严密。

e）4 min 完成。

6.7.2.1.2　挂风障评分办法如下。

a）不按规定结构操作扣 0.5 分。

b）少 1 根立柱或结构不牢，该项无分（用 1 只手推，不能用力冲击）。

c）每少 1 根压条扣 0.5 分。

d）每少 1 个钉子、钉子未钉在骨架上、钉帽未接触到压板，每处扣 0.5 分。

e）钉子距压条端大于 100 mm，每处扣 0.3 分。

f）压条搭接或压条接头处间隙大于 50 mm，每处扣 0.3 分。

g）中柱与两边柱的边距差 50 mm，中柱上下垂度超过 50 mm、边柱与帮缝大于 20 mm、长度大于 300 mm，障面孔隙大于 2000 mm^2，每处扣 0.3 分（从压条距顶、帮、底的空隙宽度大于 20 mm 处始量长度，计算面积）。

h）障面不平整，折叠宽度大于 15 mm，每处扣 0.3 分。

i）同一根压条上，相邻两个钉子的间距不符合要求，每处扣 0.3 分。

j）超过时间扣 0.5 分。

k）未佩用氧气呼吸器、呼吸器故障、工伤、退出灾区不能完成任务，出现任一情况该项不得分；音响信号使用不正确，每次扣 0.3 分，丢失工具 1 件扣 0.3 分；与前项间隔的休息时间超时扣 0.5 分。

【释义】本条是对挂风障操作时的标准要求及评分办法进行了规定。

挂风障时需要准备方木（40 mm×60 mm×2000 mm）4 根、（40 mm×60 mm×3000 mm）1 根，压条（40 mm×60 mm×2000 mm）4 根、（40 mm×60 mm×3000 mm）1 根，钉子若干。

（1）先用 4 根方木架设带底梁的梯形框架，在框架中间位置用方木打一立柱。架腿、立柱必须坐在底梁上。若不按照此结构操作扣 0.5 分。少 1 根方木或结构不牢（若用 1 只手推框架移位则为结构不牢），该项不得分。

（2）风障四周用压条压严，钉在骨架上。中间立柱处，竖压 1 根压条，每少 1 根压条扣 0.5 分；每根压条不少于 3 个钉子，每少 1 个钉子扣 0.5 分；压条两端与钉子间距大于 100 mm，每处扣 0.3 分。

（3）底压条上相邻两钉的间距不得小于 1000 mm，其余各根压条上相邻两钉的间距不得小于 500 mm，否则，每处扣 0.3 分。

（4）压条搭接或压条接头处间隙不得大于 50 mm、障面孔隙不得大于 2000 mm² （从压条距顶、帮、底的空隙宽度大于 20 mm 处始量长度，计算面积），否则，每处扣 0.3 分。

（5）同 1 根压条上的钉子间距差不得大于 150 mm，否则，每处扣 0.3 分。

（6）钉子（压条上）必须全部钉入骨架内（钉子不得从方木一侧穿出）、钉子钉在骨架上、钉帽接触压条（以钉帽与板之间不能放进起钉器为准），否则，每处扣 0.5 分；跑钉（即钉子未钉在骨架上）、弯钉允许补钉。

（7）中柱上下要垂直，垂度不得超过 50 mm；边柱紧靠两帮，边柱与帮缝隙不得超过 20 mm（连续长度超过 300 mm）；中柱与两边柱的边距差不得大于 50 mm，否则，每处扣 0.3 分。

（8）障面平整，折叠宽度不得大于 15 mm，否则，每处扣 0.3 分。

（9）未佩用氧气呼吸器操作、操作中呼吸器出现故障或人员受伤而退出灾区不能完成任务，该项不得分；音响信号使用不正确，每次扣 0.3 分；丢失工具，每件扣 0.3 分；与前项间隔的休息时间超过 10 min 扣 0.5 分。

（10）4 min 内完成，否则，扣 0.5 分。

本条主要内容同原《规范》6.7.2，仅对个别词语作了更准确的描述。

6.7.2.2　建造木板密闭墙（2 分）

6.7.2.2.1　建造木板密闭墙标准要求如下。

a）骨架结构要求如下。

1）先用 3 根方木设一梯形框架，再用 1 根方木，紧靠巷道底板，钉在框架两腿上。

2）在框架顶梁和紧靠底板的横木上钉上 4 根立柱，立柱排列应均匀，间距在 380 mm～460 mm 之间（中对中测量，量上不量下）。

b）钉板要求如下。

1）木板采用搭接方式，下板压上板，压接长度不少于 20 mm，两帮镶小板，在最上面的大板上钉托泥板。

2）每块大板不少于 8 个钉子（可一钉两用），钉子应穿过 2 块大板钉在立柱上。每块小板不少于 1 个钉子，每个钉子要穿透 2 块小板钉在大板上。钉子应钉实，不可以空钉。

3）小板不准横纹钉，不可以钉劈（通缝为劈），压接长度不少于 20 mm。

4）托泥板宽度为 30 mm～60 mm，与顶板间距为 30 mm～50 mm，两头距小板间距不大于 50 mm，托泥板不少于 3 个钉子，两头钉子距板头不大于 100 mm，钉子分布均匀。

5）大板要平直，以巷道为准，大板两端距顶板距离差不大于 50 mm。

6）板闭四周严密，缝隙宽度不应超过 5 mm、长度不应超过 200 mm。

7）结构牢固。

c）10 min 完成。

6.7.2.2.2　建造木板密闭墙评分办法如下。

a）骨架不牢、缺立柱、缺大板，边柱松动（用一手推拉边柱移位），边柱与顶梁搭接面小于 1/2，立柱断裂未采取补救措施的，该项无分。

b）立柱排列不均匀（间距不在 380 mm～460 mm 之间），扣 1 分。

c）大板压茬小于 20 mm，大板水平超过 50 mm，每处扣 0.3 分。

d）缺小板、小板横纹钉、小板钉劈、小板压茬小于 20 mm，每处扣 0.3 分。

e）大板钉子未钉在立柱上，小板未坐在大板上，少钉 1 个钉子、空钉或弯钉（可以补钉）、钉子未钉在大板上，钉帽与板面未接实（以钉帽与板之间能放进起钉器为准），每处扣 0.5 分。

f）未钉托泥板，扣 0.5 分。

g）托泥板与顶板或小板的间距、两头钉子与板头的间距超过规定、均匀误差大于 100 mm，每处各扣 0.3 分，少 1 个钉子扣 0.5 分。

h）板闭四周缝隙宽度超过 5 mm，且长度超过 200 mm，每处扣 0.3 分。

i）超过时间扣 0.5 分。

j）未佩用氧气呼吸器、呼吸器故障、工伤、退出灾区不能完成任务，出现任一情况该项不得分；音响信号使用不正确，每次扣 0.3 分，丢失工具 1 件扣 0.3 分；与前项间隔的休息时间超时扣 0.5 分。

【释义】本条是对建造木板密闭墙时的标准要求及评分办法进行了规定。

建造木板密闭墙时需使用方木（40 mm×60 mm×2700 mm）9 根（其中 1 根备用），大板（15 mm×200 mm×2700 mm）14 块，小板（规格 15 mm×100 mm×2700 mm）3 块，托泥板（规格 15 mm×(30~60)mm×2700 mm）2 块和钉子若干。

1. 骨架结构要求

（1）建造木板密闭墙时，先用 3 根方木设一梯形框架，再用 1 根方木，紧靠巷道底板，钉在框架两腿上。骨架要牢固，否则，该项不得分。

（2）在框架顶梁和紧靠底板的横木上钉上 4 根立柱。缺立柱、缺大板、立柱断裂松动未采取补救措施的、边柱与顶梁搭接面小于 1/2，该项不得分。

（3）4 根立柱排列均匀，间距在 380 mm~460 mm 之间（中对中测量，量上不量下），否则，扣 1 分。

2. 钉板要求

（1）木板采用搭接方式，下板压上板，压茬不得少于 20 mm，否则，每处扣 0.3 分。

（2）每块大板不得少于 8 个钉子（可一钉两用），钉子必须穿过两块大板钉在立柱上，否则，每处扣 0.5 分。

（3）大板要平直，以巷道为准，大板两端距顶板距离差不得大于 50 mm,大板压茬不得小于 20 mm,否则,每处扣 0.3 分。

(4)每块小板不得少于 1 个钉子,每个钉子要穿透两块小板钉在大板上,钉子钉在大板上,钉帽与板面接实(以钉帽与板之间不能放进起钉器为准),否则,每处扣 0.5 分。

(5)钉子要钉实,不得空钉,空钉或弯钉可以补钉,否则,每处扣 0.5 分。

(6)板闭四周缝隙不得超过宽 5 mm、长 200 mm,否则,每处扣 0.3 分。

(7)两帮镶小板,小板坐在大板上(小板未与大板接触即为小板未坐在大板上),压茬不得小于 20 mm,小板不准横纹钉,不得钉劈(通缝为劈),否则,每处扣 0.3 分。

(8)在最上面的大板上钉托泥板,托泥板距离顶板 30~50 mm,两头距小板间距不得大于 50 mm,两头钉子距板头不得大于 100 mm,否则,每处各扣 0.3 分。

(9)托泥板不少于 3 个钉子,少 1 个钉子或未钉托泥板,扣 0.5 分;钉子分布均匀,误差不得大于 100 mm,否则,每处扣 0.3 分。

(10)缺小板,每处扣 0.3 分。

(11)未佩用氧气呼吸器操作、操作中呼吸器出现故障或人员受伤而退出灾区不能完成任务,该项不得分;音响信号使用不正确,每次扣 0.3 分;丢失工具,每件扣 0.3 分;与前项间隔时间超过 10 min 扣 0.5 分。

3. 扣分点

10 min 内完成,否则,扣 0.5 分。

本条主要内容同原《规范》6.7.3,仅对个别词语作了更准确的描述。

6.7.2.3 建造砖密闭墙(3 分)

6.7.2.3.1 建造砖密闭墙标准要求如下。

a)密闭墙牢固、墙面平整、浆饱、不漏风,不透光,结构合理,接顶充实,30 min 完成。

b）墙厚 370 mm 左右，结构为（砖）一横一竖，不准事先把地找平。按普通密闭施工，可不设放水沟和管孔。

c）前倾、后仰不大于 100 mm（从最上一层砖两端的三分之一处挂 2 条垂线，分别测量 2 条垂线上最上及最下一层砖至垂线的距离，存在距离差即为前倾、后仰）。

d）砖墙完成后，除两帮和顶可抹不大于 100 mm 宽的泥浆外，墙面应整洁，砖缝线条应清晰，符合要求。

6.7.2.3.2　建造砖密闭墙评分办法如下。

a）墙体不牢（用 1 只手推晃动、位移）；结构不合理（不按一横一竖施工或竖砖使用大半头）；墙面透光；接顶不实（接顶宽度少于墙厚的 2/3，连续长度达到 120 mm）；使用可燃性材料接顶；封顶前墙面内侧仍有人员。出现以上任一情况，该项无分。

b）墙面平整以砖墙最上和最下两层砖所构成的平面为基准面，墙面任何砖块凹凸，超过基准面的正负 20 mm，每处扣 0.3 分。检查方法：分别连接上宽、下宽各三分之一处，形成 2 条线，在 2 条线上每层砖各查 1 次。

c）前倾、后仰大于 100 mm 扣 1 分。

d）砖缝应符合要求。每有 1 处大缝、窄缝、对缝各扣 0.3 分，墙面泥浆抹面扣 0.5 分。

e）超过时间扣 0.5 分。

f）未佩用氧气呼吸器、呼吸器故障、工伤、退出灾区不能完成任务，出现任一情况该项不得分；音响信号使用不正确，每次扣 0.3 分，丢失工具 1 件扣 0.3 分；与前项间隔的休息时间超时扣 0.5 分。

注 1：砖缝大于 15 mm 为大缝（水平缝连续长度达到 120 mm 为 1 处，竖缝达到 50 mm 为 1 处）。

注 2：砖缝小于 3 mm 为窄缝（水平缝连续长度达到 120 mm 为 1 处，竖缝达到 50 mm 为 1 处）。

注 3：上下砖的缝距小于 20 mm 为对缝。

注 4：紧靠两帮的砖缝不能大于 30 mm（高度达到 50 mm），否则，按大缝计。

注5：接顶处不足一砖厚时，可用碎石砖瓦等非燃性材料填实，间隙宽度大于30 mm，高度大于30 mm时为大缝；若该大缝的水平长度大于120 mm时为接顶不实。

【释义】本条是对建造砖密闭墙时的标准要求及评分办法进行了规定。

建造密闭墙应准备砖（规格为240 mm×120 mm×60 mm）1000块，泥浆若干，建筑不得使用潮料。

（1）建造砖密闭墙应牢固（用1只手推不晃动、不位移）、不漏风，不透光，结构合理（按一横一竖施工，前墙竖砖不得使用大半头），接顶充实，不得用可燃性材料接顶，墙面封顶前，里侧人员应提前从墙上爬出，否则，该项无分。

（2）墙厚370 mm左右，不准事先把地找平。按普通密闭施工，可不设放水沟和管孔。以砖墙最上和最下两层砖所构成的平面为基准面，墙面任何砖块凹凸，应不超过基准面的正负20 mm，否则，每处扣0.3分。检查方法：分别连接上宽、下宽各1/3处，形成2条线，在2条线上每层砖各查1次。

（3）前倾、后仰不大于100 mm，否则，扣1分。检查方法：从最上一行砖两端的1/3处挂2条垂线，分别测量2条垂线上最上及最下一行砖至垂线的距离，其间距差均不超过100 mm，否则，即为前倾、后仰。

（4）砖缝应符合要求，不得出现大缝、窄缝、对缝，否则，每处扣0.3分。砖缝大于15 mm为大缝（水平缝连续长度达到120 mm为1处，竖缝达到50 mm为1处）。砖缝小于3 mm为窄缝（水平缝连续长度达到120 mm为1处，竖缝达到50 mm为1处）。上下砖的缝距小于20 mm为对缝。紧靠两帮的砖缝不能大于30 mm（高度达到50 mm），否则，按大缝计。

（5）砖墙完成后，除两帮和顶可抹不大于100 mm宽的泥浆外，墙面应整洁，砖缝线条应清晰，否则为泥浆抹面，扣0.5分。

（6）接顶不实（接顶宽度小于墙厚的 2/3，连续长度达到 120 mm），该项无分。接顶处不足一砖厚时，可用碎石砖瓦等非燃性材料填实，间隙大于 30 mm 长，30 mm 高时为大缝；若该大缝的水平长度大于 120 mm 时为接顶不实。

（7）墙体不得使用可燃性材料，否则扣 1 分。

（8）未佩用氧气呼吸器操作、操作中呼吸器出现故障或人员受伤而退出灾区不能完成任务，该项不得分；音响信号使用不正确，每次扣 0.3 分；丢失工具，每件扣 0.3 分；与前项间隔时间超过 10 min 扣 0.5 分。

（9）30 min 内完成，否则，扣 0.5 分。

本条对原《规范》6.7.4 进行了修订，删除了接顶充实（宽度不少于墙厚的 2/3）标准要求，增加了前倾、后仰检查验收标准要求。

6.7.2.4　架木棚（3 分）

6.7.2.4.1　架木棚标准要求如下。

a）结构牢固、亲口严密，无明显歪扭，叉角适当。

b）棚距 800 mm～1000 mm，两边棚距（以腰线位置量）相差不超过 50 mm，一架棚高，一架棚低或同一架棚的一端高一端低，相差均不应超过 50 mm，6 块背板（两帮和棚顶各 2 块），楔子准备 16 块。

c）棚腿应做"马蹄"状。

d）棚腿窝深度不少于 200 mm，工作完成之后，应埋好与地面平，棚子前倾后仰不超过 100 mm。

e）棚腿大头向上，亲口间隙不应超过 4 mm，后穷间隙不应超过 15 mm，梁腿亲口不准砍，不准砸。

f）棚子叉角范围为 180 mm～250 mm（从亲口处作一垂线 1 m 处到棚腿的水平距离），同一架棚两叉角相差不应超过 30 mm，梁亲口深度不少于 50 mm，腿亲口深度不少于 40 mm，梁刷头应盖满柱顶（如腿径小于梁子直径，则两者中心应在 1 条直线上）。

g）棚梁的 2 块背板压在梁头上，从梁头到背板外边缘距离不大于 200 mm，两帮各两块背板，从柱顶到第 1 块背板上边缘的距离应大于 400 mm、小于 600 mm，从巷道底板到第 2 块背板下边缘的距离，应大于 400 mm、小于 600 mm。

h）1 块背板打 2 块楔子，楔子使用位置正确，不松动，不准同点打双楔。

i）30 min 完成。

6.7.2.4.2 架木棚评分方法如下。

a）结构不牢（用 1 只手推动位移），该项无分。

b）亲口间隙超过 4 mm（用宽 20 mm、厚 5 mm 的钢板插入 10 mm 为准），梁头与柱间隙（后穷）超过 15 mm（用宽 20 mm、厚 16 mm 的方木插入 10 mm 为准）均为亲口不严，每发现 1 处扣 0.3 分。

c）叉角不在 180 mm～250 mm 范围，同一架棚两叉角直差超过 30 mm，每处扣 0.3 分。

d）砍砸棚梁或棚腿接口，少 1 个楔子，楔子松动，楔子使用位置不正确，同点打双楔，每处扣 0.5 分。

e）棚腿大腿朝下，背板少 1 块，每处扣 0.5 分。

f）棚距不在 800 mm～1000 mm 范围内（以两腿中心测量），扣 0.5 分。两帮棚距相差超过 50 mm 扣 0.5 分，木棚一架高一架低超过 50 mm，每处扣 0.5 分。

g）棚腿未作"马蹄"状，每个扣 0.5 分，柱窝未埋出地面，每处扣 0.5 分。

h）背板位置不正确，每处扣 0.3 分。

i）棚子明显歪扭（以每架棚为 1 处），梁或腿歪扭差大于 50 mm，每处扣 0.3 分。棚梁或棚腿亲口深度不当，每处扣 0.3 分。

j）每架棚前倾后仰超过 100 mm，扣 0.3 分。检验方法：在两棚距地面 300 mm 处拉 1 条线，从棚梁中点向下吊 1 条线，线与水平连线的水平距离，即为前倾后仰的检测距离。

k）超过时间扣 0.5 分。

l）未佩用氧气呼吸器、呼吸器故障、工伤、退出灾区不能完成任务，出现任一情况该项不得分；音响信号使用不正确，每次扣0.3分，丢失工具1件扣0.3分；与前项间隔的休息时间超时扣0.5分。

【释义】本条是对架木棚项目操作时的标准要求及评分办法进行了规定。架木棚需要准备圆木（长2000 mm，小头φ≥160 mm）7根（其中备用1根）、背板6块、楔子16块。

（1）结构牢固（用1只手推动不位移），否则，该项无分。

（2）亲口间隙超过4 mm（用宽20 mm、厚4 mm的钢板插入10 mm为准），梁头与柱间隙（后穷）超过15 mm（用宽20 mm、厚16 mm的方木插入10 mm为准）均为亲口不严，每发现1处扣0.3分。

（3）叉角不在180 mm～250 mm范围（从亲口处作一垂线1 m处到棚腿的水平距离），同一架棚两棚腿叉角相差不得超过30 mm，否则，每处扣0.3分。

（4）棚距不在800 mm～1000 mm范围内，两帮棚距（以腰线位置）相差不得超过50 mm，木棚一架高一架低或同一架棚子一端高一端低，相差均不得超过50 mm，否则，每处扣0.5分。

（5）棚腿应做"马蹄"，棚腿直径大的一端朝上，否则，每处扣0.5分。

（6）棚腿窝深度不得少于200 mm，工作完成之后，柱窝应埋出地面，否则，每处扣0.5分。

（7）梁、腿亲口不准砍，不准砸，否则，扣0.5分。

（8）梁亲口深度不少于50 mm，腿亲口深度不少于40 mm，梁刷头应盖满柱顶（如棚腿直径小于棚梁直径，则两者中心线应相交），否则，每处扣0.3分。

（9）棚梁的两块背板压在梁头上，从梁头到背板外边缘距离不大于200 mm，两帮各两块背板，从柱顶到第1块背板上边缘的距离应大于400 mm、小于600 mm，从巷道底板到第2块背板下边缘的距离，应大于400 mm、小于600 mm，否则，每处扣0.3分。

（10）少一块背板，扣0.5分。

（11）一块背板打 2 个楔子。楔子使用位置不正确（楔子不在腿、梁之间），楔子松动，同点打双楔，少 1 个楔子，每处扣 0.5 分。

（12）每架棚子前倾后仰不得超过 100 mm，否则，扣 0.3 分。检验方法：在两棚距地面 300 mm 处拉一条线，从棚梁中点向下吊一条垂线，垂线与水平连线的水平距离，即为前倾后仰的检测距离。

（13）棚子无明显歪扭（以每架棚为 1 处），梁或腿歪扭差不得大于 50 mm，否则，每处扣 0.3 分；棚子歪扭的检查方法：测巷道中线点到两棚口的距离差大于 50 mm 为棚子歪扭。

（14）未佩用氧气呼吸器操作、操作中呼吸器出现故障或人员受伤而退出灾区不能完成任务，该项不得分；音响信号使用不正确，每次扣 0.3 分；丢失工具，每件扣 0.3 分；与前项间隔时间超过 10 min 扣 0.5 分。

（15）30 min 内完成，否则，扣 0.5 分。

本条主要内容同原《规范》6.7.5，仅对个别词语作了更准确的描述。

6.7.2.5　安装局部通风机和接风筒（2 分）

6.7.2.5.1　安装局部通风机和接风筒标准要求如下。

a）安装和接线正确。

b）风筒接口严密不漏风。

c）现场做接线头，局部通风机动力线接在防爆开关上，操作人员不限，使用挡板、密封圈。

d）带风逐节连接 5 节风筒，每节长度为 10 m，直径不小于 400 mm；采用双反压边接头，吊环向上一致。

e）8 min 完成。

6.7.2.5.2　安装局部通风机和接风筒评分办法如下。

a）安装与接线不正确，每处扣 0.5 分。

b）接头漏风，每处扣 0.5 分。

c）事先做好线头，不使用挡板、密封圈，该项无分。

d）不带风连接风筒，该项无分；未逐节连接风筒，扣 0.5 分。

e) 不采用双反压边接头，吊环错距大于 20 mm，每处扣 0.3 分。

f) 未接地线或接错，该项无分。

g) 超过时间扣 0.5 分。

h) 未佩用氧气呼吸器、呼吸器故障、工伤、退出灾区不能完成任务，出现任一情况该项不得分；音响信号使用不正确，每次扣 0.3 分，丢失工具 1 件扣 0.3 分；与前项间隔的休息时间超时扣 0.5 分。

【释义】本条是对安装局部通风机和接风筒项目操作时标准要求及评分办法进行了规定。

1. 操作前要求

操作前，整理好队伍，接到"开始操作"指令后，开始计时。

2. 电缆接线要求

（1）操作时现场新做电缆接头，局部通风机动力电缆接在防爆开关上，防爆开关的电缆接在空气开关负荷侧上，开关喇叭口必须使用合格的挡板和密封圈，开关防爆面等必须符合防爆要求。事先做好线头，不使用挡板、密封圈，该项无分。

（2）防爆开关的接线：电源电缆（输入）接在开关的电源接线柱上，负荷电缆（输出）接在开关的负荷（输出）接线柱上，输入、输出电缆的电缆头不得提前做好，否则，该项无分。

（3）接线方法：电缆外皮伸入接线盒内距器壁长度必须在 5 mm ~ 15 mm 之内，并用防止电缆拔脱装置压紧；卡爪不得压电缆绝缘胶皮，线头在接线柱上的绕向与压紧螺帽拧紧方向相同，芯线在卡爪内的长度不得低于接线柱周长的 3/4；接线应正确、无毛刺，芯线裸露长度距卡爪不大于 10 mm。接线完毕应清扫接线室，保持清洁、无杂物，无残余的铜线头，否则，每处扣 0.5 分。

（4）电缆芯线与接线端子的连接，应按规定使用连接件（卡爪或压板）；在紧固开关接线室盖板时，螺杆必须加弹簧垫圈，进出电缆喇叭口压紧时要留有余量，电缆压紧装置对电缆的压紧量不能超过电缆外径的 10%，否则，每处扣 0.5 分。

（5）局部通风机与防爆开关连接好后，防爆开关的输入电缆（电源侧）方可接在空气开关的负荷侧，并连接好接地线。未接地线或接错，该项无分。

3. 风筒连接要求

（1）局部通风机安装完成后，接线送电前先连接好第一节风筒（共5节），局部通风机送电供风后依次连接后面的风筒，每节长度为10 m，直径不小于400 mm。未逐节连接风筒，扣0.5分。

（2）连接风筒时，接头要严密并采用双反压边，风筒吊环向上高度一致，吊环错距不得大于20 mm。不采用双反压边接头，吊环错距大于20 mm，每处扣0.3分。

（3）从风筒出风口处逐节往后连接，每节风筒连接时至少有两名队员相互配合，前一节连接好后，队员举手示意并说"好"，下一组队员方可进行下一节风筒的连接。

（4）连接风筒的过程中，如果已连接好的风筒接头鼓开或断开，必须从鼓开或断开处重新依次向后逐节连接。

（5）风筒接头处要保证严密不漏风（手距风筒接头100 mm，无漏风感）。接头漏风，每处扣0.5分。

（6）风筒连接必须在局部通风机接电完成、开启并正常送风情况下进行，严禁在局部通风机未开启状态下进行风筒连接。不带风连接风筒，该项无分。

（7）风筒全部连接完毕，风筒全部鼓起，现场清理完毕（不得遗留任何工具），方可举手示意说"好"。

（8）示意操作结束后，止表，8 min内完成。超过时间扣0.5分。

本条对原《规范》6.7.6进行了修订，增加了带风接风筒的技术操作要求。

6.7.2.6 安装高倍数泡沫灭火机（1分）

6.7.2.6.1 安装高倍数泡沫灭火机标准要求如下。

a）在安装地点备好1台防爆磁力启动器、3个防爆插座开关、连好线的四通接线盒、带电源的三相闸刀（或空气开关）及水源。

b) 将高泡机、潜水泵、配制好的药剂、水龙带等器材运至安装地点，进行安装。防爆四通接线盒的输入电缆要接在磁力启动器上，磁力启动器的输入电缆接在三相闸刀电源上，两处接线头应现场做。风机、潜水泵与四通接线盒之间均采用事先接好的防爆插销、插座开关连接和控制，接线、安装应符合防爆要求。

c) 安装完成后，送电开机，发泡灭火。

d) 15 min 完成。

6.7.2.6.2　安装高倍数泡沫灭火机评分办法如下。

a) 不能发泡、地线接错，接线未接完或磁力启动器盖子上的螺丝未全部上完就送电开机、接线电缆没有密封圈、风机安装颠倒，未将火扑灭，发现上述情形之一者，该项无分。

b) 接线不正确（线头绕向错误），每处扣 0.3 分。

c) 螺丝未上紧（凡用工具上的螺丝，用手能拧动为未上紧），每处扣 0.5 分。

d) 螺丝垫圈，压线金属片，每缺 1 件扣 0.3 分。

e) 发泡不满网的三分之二扣 0.5 分。

f) BGP200 型高倍数泡沫灭火机单机运转或风机反转，各扣 1 分。

g) 超过时间扣 0.5 分。

h) 未佩用氧气呼吸器、呼吸器故障、工伤、退出灾区不能完成任务，出现任一情况该项不得分；音响信号使用不正确，每次扣 0.3 分，丢失工具 1 件扣 0.3 分；与前项间隔的休息时间超时扣 0.5 分。

【释义】本条是对安装高倍数泡沫灭火机项目的标准要求及评分办法进行了规定。

安装高倍数泡沫灭火机需准备高倍数泡沫灭火机 1 台、防爆磁力启动器 1 台、防爆插座开关 3 个、连好线的四通接线盒、带电源的空气开关、潜水泵 1 台、配制好的药剂、水龙带及水源等。

（1）将高泡机、潜水泵、配制好的药剂、水龙带等器材运至安装地点，进行安装。防爆四通接线盒的输入电缆要接在磁力启动器上，磁力启动器的输入电缆接在空气开关上，两处接线头必须现场做。高泡机、潜水泵与四通接线盒之间均采用事先接好的防爆插销、插座开关连接和控制。接线与安装应符合防爆要求。

（2）不能发泡、地线接错、接线未接完或磁力启动器盖子上的螺丝未上完就送电开机、接线电缆没有密封圈、风机安装颠倒、未将火扑灭（该项考核结束前，有烟雾冒出或出现明火），发现上述情形之一者，该项无分。

（3）接线时，电缆外皮伸入接线盒距密封圈长度在 5 mm ~ 15 mm 之间，接线整齐无毛刺，卡爪不得压胶皮，芯线裸露长度距卡爪不大于 5 mm，否则，每处扣 0.3 分；

（4）接线不正确（线头未按顺时针绕向），每处扣 0.3 分。

（5）螺丝未上紧（凡用工具上的螺丝，用手能拧动为未上紧），每处扣 0.5 分。

（6）螺丝垫圈，压线卡爪（金属片），每缺一件扣 0.3 分。

（7）发泡不满网的 2/3，扣 0.5 分。

（8）BGP200 型高倍数泡沫灭火机单机运转或风机反转，每处扣 1 分。

（9）未佩用氧气呼吸器操作、操作中呼吸器出现故障或人员受伤而退出灾区不能完成任务，该项不得分；音响信号使用不正确，每次扣 0.3 分；丢失工具，每件扣 0.3 分；与前项间隔时间超过 10 min 扣 0.5 分。

（10）15 min 内完成，否则，扣 0.5 分。

本条主要内容同原《规范》6.7.7，仅对个别词语作了更准确的描述。

6.8 综合体质（10 分）

6.8.1 综合体质考核方法：以标准建制小队为单位，每个队员随机确定 3 个（至少包含 6.8.2i)、6.8.2j)、6.8.2k) 小项中 1 个）及以上小项进行考核。单个队员进行全部 11 个小项考核时，按逐小项检查扣分方式计算；未进行全部 11 个小项考核时，按抽小项检查扣分方式计算。小队所有人员的平均扣分为中队综合体质扣分。

【释义】本条对综合体质项目的考核方法进行了规定。

综合体质以标准建制小队进行考核，每个队员考核项目不低于 3 个。其中，激烈行动、耐力锻炼、高温浓烟训练这 3 个项目中，至少要考核 1 项。

单个队员进行全部 11 个小项考核时，按逐小项检查扣分方式计算；未进行全部 11 个小项考核时，按抽小项检查扣分方式计算，即综合体质扣分 = 综合体质标准分 × 综合体质总扣分率 = 综合体质标准分 × 实际抽查综合体质小项扣分率的平均值。

该项扣分值 = 该项标准分 × 该项总扣分率 = 该项标准分 × 该项实际抽查小项扣分率的平均值。

（1）以小队为单位，11 个小项全部考核时，按逐小项检查扣分方式计算。

$$K = A_1 + A_2 + \cdots + A_{10} + A_{11} \qquad (2-11)$$

式中　K——综合体质扣分值；

　　　A——小项扣分值。

【案例一】小队有 9 名队员，进行综合体质项目考核时，若 9 名队员对 11 个小项全部进行考核。

1 号队员考核扣分：①引体向上扣 0.5 分；②举重扣 0.5 分；③跳高扣 0.5 分；④爬绳扣 0.5 分；⑤其他 7 项目均未扣分。

1 号队员扣 2 分，2 号队员扣 1.5 分，3 号队员扣 3 分，4 号队员扣 1 分，5 号 ~ 9 号队员均扣 2 分。

那么小队所有人员的平均扣分 = （2 + 1.5 + 3 + 1 + 2 × 5）÷ 9 = 1.94 分，即该中队综合体质合计扣分为 1.94 分。

（2）以小队为单位，随机抽取 3 个小项及以上考核时，其中，激烈行动、耐力锻炼、高温浓烟训练这 3 个小项中，至少要考核 1 项。按抽小项检查扣分方式计算，小队中未参加考核的队员，按扣该项标准分计算。

某队员综合体质扣分值 = 标准分 × 总扣分率 = 标准分 × 实际抽查

小项扣分率平均值

$$K_d = 10 \times \sum_{i=1}^{n} \frac{\frac{A_i}{B_i}}{n} \qquad (2-12)$$

式中　K_d——某队员综合体质扣分值;

　　　A——抽查小项扣分值;

　　　B——抽查小项标准分;

　　　n——抽查小项数量($n = 3,4,\cdots,10$)。

【案例二】小队有 9 名队员,随机抽取 3 个小项进行考核(引体向上、爬绳、激烈行动)。

1 号队员考核扣分:①引体向上未扣分;②爬绳扣 0.5 分;③激烈行动未扣分。

1 号队员引体向上扣分率为 0,爬绳扣分率 = 0.5 ÷ 0.5 = 100%,激烈行动扣分率为 0。总扣分率 = (0 + 100% + 0) ÷ 3 = 33.3%。

1 号队员综合体质扣分值 = 标准分 × 总扣分率 = 10 × 33.3% = 3.33 分。

(3)小队所有人员的平均扣分为中队综合体质扣分。

$$K = \sum_{i=1}^{m} \frac{K_{d_i}}{m} \qquad (2-13)$$

式中　　K——综合体质扣分值;

　　　K_{d_i}——某队员综合体质扣分值;

　　　m——小队队员数量($m = 9,10,\cdots$)。

【案例三】小队有 9 名队员,1 号队员扣 3.33 分,2 号队员扣 1 分,3 号队员扣 3 分,4 号队员扣 2.25 分,5 号~9 号队员未扣分。

中队综合体质扣分 = (3.33 + 1 + 3 + 2.25 + 0 × 5) ÷ 9 = 1.06 分。

6.8.2　综合体质标准要求如下。

a)引体向上(0.5 分):正手握杠,下颌过杠,连续 8 次。

b)举重(0.5 分):杠铃重 30 kg,连续举 10 次。

c)跳高(0.5 分):1.1 m。

d) 跳远（0.5 分）：3.5 m。

e) 爬绳（0.5 分）：爬高 3.5 m。

f) 哑铃（0.5 分）：8 kg（2 个）上、中、下各 20 次。

g) 负重蹲起（0.5 分）：负重为 40 kg 的杠铃，连续蹲起 15 次。

h) 跑步（0.5 分）：2 km，10 min 完成。

i) 激烈行动（2 分）：佩用氧气呼吸器，按火灾事故携带装备，8 min 行走 1 km，不休息，150 s 拉检力器 80 次。

j) 耐力锻炼（2 分）：佩用氧气呼吸器负重 15 kg，4 h 行走 10 km。

k) 高温浓烟训练（2 分）：在演习巷道内，40 ℃ 的浓烟中，25 min 每人拉检力器 80 次，并锯两块直径 160 mm～180 mm 的木段。

6.8.3　综合体质评分办法如下：

a) 第 6.8.2a)～6.8.2h) 小项，1 名队员不参加或达不到标准扣 0.5 分。

b) 第 6.8.2i)～6.8.2k) 小项，1 名队员不参加或达不到标准扣 2 分；查看中队平时训练记录，未按规定进行训练，扣 2 分。

c) 小项训练器械缺损或不符合标准（检力器标准：重量 20 kg，拉距为 1.2 m），该小项不得分。

【释义】本条对综合体质项目的标准要求及评分办法进行了规定。

（1）引体向上操作时，正手握杠，连续操作，下颌过杠，下放时，两臂伸直，脚不能着地，否则不予计数，数量达不到 8 次，扣 0.5 分。

（2）举重操作时，杠铃重 30 kg，连续操作，上举时，两臂伸直，下放杠铃时要放到胸前，否则不予计数，数量达不到 10 次，扣 0.5 分。

（3）跳高姿势不限，越过 1.1 m 高度为合格，否则，扣 0.5 分。

（4）跳远姿势不限，从起跳线处跳过 3.5 m 距离为合格，否则，扣 0.5 分。

（5）爬绳爬高 3.5 m，从距地面 1.8 m 处起至最低 1 只手超过 5.3 m 的标志线止，上爬时两手交替倒手上爬，不准用身体任何部位夹绳，否则，扣 0.5 分。

（6）哑铃重量 8 kg（2 个），两臂伸直，否则，不予计数。上、中、下各做 20 次，数量达不到要求，扣 0.5 分。

（7）负重蹲起，杠铃重量 40 kg，连续蹲起，下蹲到位，腰部伸直，否则，不予计数。数量达不到 15 次，扣 0.5 分。

（8）跑步 2 km，服装不限，按规定路线跑，10 min 完成，否则，扣 0.5 分。

（9）激烈行动，全小队人员佩用氧气呼吸器，按火灾事故携带装备，行走 1000 m，8 min 完成，否则扣 2 分；然后放下装备，佩用呼吸器每人拉检力器 80 次（锤重 20 kg，拉距 1.2 m，上下碰响为 1 次），150 s 完成，否则，每人扣 2 分；两项连续进行。

（10）耐力锻炼，全小队人员佩用氧气呼吸器，每人负重 15 kg，行走 10 km，4 h 内完成，否则，扣 2 分。

（11）高温浓烟训练，全小队人员佩用氧气呼吸器，在演习巷道 40 ℃的浓烟中，每人拉检力器 80 次（锤重 20 kg，拉距 1.2 m，上下碰响为 1 次）；锯 φ16～18 cm 的木段 2 块，全小队 25 min 内完成，否则，扣 2 分。

（12）第 a）～h）小项，1 名队员不参加，扣 0.5 分。

（13）第 i）～k）小项，1 名队员不参加，扣 2 分；查看中队平时训练记录，未按规定进行训练，扣 2 分。

（14）缺小项训练器械、器械损坏不能使用或不符合标准（检力器标准：重量 20 kg，拉距为 1.2 m），该小项不得分。

本条对原《规范》6.8 进行了修订，修改了考核方法和标准要求、"激烈行动"拉检力器次数、"高温浓烟训练"环境温度、拉检力器的时间和次数。

6.9 准军事化操练（8 分）

6.9.1 风纪、礼节（2 分）

6.9.1.1 风纪、礼节标准要求：全队人员统一整齐着制服，正确佩戴标志（肩章、臂章、领花、帽徽），帽子要戴端正，不得留长发、胡须，不得佩戴首饰；全体指战员做到服从命令，听从指挥。

6.9.1.2 风纪、礼节评分办法为发现 1 人不符合规定扣 0.5 分，未统一着装扣 2 分。

【释义】 本条是对风纪、礼节的标准要求及评分办法进行了规定。

准军事化操练时，全队人员统一整齐着制服，正确佩戴标志（肩章、臂章、领花、帽徽），帽子要戴端正，不得留长发、胡须，不得佩戴首饰；全体指战员做到服从命令，听从指挥，否则，发现有 1 人不符合规定，扣 0.5 分。未统一着装扣 2 分（制服与其他服装混穿，春秋、夏、冬装混穿按未统一着装论处）。

本条对原《规范》6.9.1 进行了修订。

6.9.2 队容（6 分）

6.9.2.1 队容考核标准要求如下。

a）队列操练由中队指挥员指挥，由不少于 2 个建制小队共同完成。

b）队列操练由领队指挥员在场外（指定位置）整理队伍，跑步进入场地至各项操练完毕。

c）项目操练按照排列顺序依次进行，不能颠倒。

d）除领取与布置任务、整理服装外，其余各单项均操练两次。

e）行进间队列操练时，行进距离不小于 10 m（步伐变换时要求两种步伐的总行进距离不小于 10 m，纵队队形和方向变化除外）。

f）操练完毕，领队指挥员向首长请示后，将队列成纵队跑步带出场地结束。

g）指挥员要做到以下 4 点。

1）指挥位置正确。

2) 姿态端正，精神振作，动作准确。

3) 口令准确、清楚、洪亮。

4) 清点人数，检查着装，严格要求，维护队列纪律。

6.9.2.2 队容考核评分办法如下。

a) 少于2个标准建制小队，扣3分。

b) 指挥员位置不正确，1处扣0.5分。

c) 队列操练项目，每缺1项扣1分，各单项少做1次扣0.5分；项目之间或单项内前后顺序颠倒，每次扣0.5分。

d) 行进距离小于10 m，扣0.5分。

【释义】 本条是对队容的考核标准要求及评分办法进行了规定。

(1) 队列操练由中队指挥员指挥，由不少于2个建制小队共同完成，否则，扣0.3分。

(2) 队列操练由领队指挥员在场外（指定位置）整理队伍，跑步进入场地至各项操练完毕，否则，未整队跑步入场扣0.3分。

(3) 项目操练按照排列顺序依次进行，不得颠倒，否则，每次扣0.5分。

(4) 除领取与布置任务、整理服装外，其余各单项均操练两次。缺1项扣1分，各单项少做1次扣0.5分。

(5) 行进间队列操练时，行进距离不小于10 m（步伐变换时要求两种步伐的总行进距离不小于10 m，纵队队形和方向变化除外），否则，扣0.5分。

(6) 操练完毕，领队指挥员向首长请示后，将队列成纵队跑步带出场地结束。

(7) 指挥员要做到：①指挥位置正确；停止间操练时在队伍的正前方，行进间在检阅席对面场地边界中部（场内）指定位置；②姿态端正，精神振作，动作准确；③口令准确、清楚、洪亮；④清点人数，检查着装，严格要求，维护队列纪律。

否则，每项扣0.5分。

本条对原《规范》6.9.2进行了修订，参加队列操练人员由"全中队人员完成"修改为"不少于 2 个建制小队共同完成"。

6.9.2.3　队容考核内容如下。

a）领取与布置任务标准要求及评分办法如下。

1）领队指挥员整好队伍后，应跑步到首长处报告及领取任务，再返回向队列人员简要布置任务。

2）报告前和领取任务后向首长行举手礼。

3）领队指挥员在报告和向队列人员布置任务时，队列人员应成立正姿势，不许做其他动作。

4）在各项操练过程中，不许再分项布置任务和用口令、动作提示。

5）领队指挥员报告词："报告！×××救护队操练队列集合完毕，请首长指示！报告人：队长×××！"首长指示词："请操练！"接受指示后回答："是！"行礼后返回队列前，向队列人员简要布置操练的项目。

6）指挥员在操练过程中有口令和动作提示，1 次扣 0.5 分；队列人员每有 1 人次动作不正确，扣 0.3 分；报告词有漏项或报告词出现错误，每处扣 0.3 分。

b）解散标准要求及评分办法：队列人员听到口令后要迅速离开原位散开；每有 1 人次不按要求散开，扣 0.3 分。

c）集合（横队）：标准要求及评分办法如下。

1）队列人员听到集合预令，应在原地面向指挥员，成立正姿势站好。

2）听到口令应跑步按口令集合（凡在指挥员后侧人员均应从指挥员右侧绕行）。

3）每有 1 人次不正确，扣 0.3 分。

d）立正、稍息标准要求及评分办法：按动作要领分别操练，姿势正确、动作整齐一致；每有 1 人次做错，扣 0.3 分。

e）整齐（依次为整理服装、向右看齐、向左看齐、向中看齐）标准要求及评分办法：在整齐时，先整理服装一次（整理队帽、衣领、上口袋盖、军用腰带、下口袋盖）。每有1人次整理顺序错误或看齐动作与口令不符，扣0.3分。

f) 报数标准要求及评分办法：报数时要准确、短促、洪亮、转头（最后一名不转头）；每有1人次报数不转头或报错数，扣0.3分。

g) 停止间转法（依次为向右转、向左转、向后转、半面向右转、半面向左转）标准要求及评分办法：动作准确，整齐一致；每有1人次转错，扣0.3分。

h) 齐步走、正步走、跑步走（均为横队）标准要求及评分办法：队列排面整齐，步伐一致；每有1人次走（跑）错，扣0.3分。

i) 立定标准要求及评分办法：在齐步走、正步走和跑步走分别作立定动作时进行检查考核，要整齐一致；每有1人次做错，扣0.3分。

j) 步伐变换（依次为齐步变跑步、跑步变齐步、齐步变正步、正步变齐步）标准要求及评分办法：按要领操练，排面整齐、步伐一致；每有1人次做错，扣0.3分。

k) 行进间转法（均在齐步走时向左转走、向右转走、向后转走）标准要求及评分办法：队列排面整齐，步伐一致；每有1人次转（走）错，扣0.3分。

l) 纵队方向变换（停止间左转弯齐步走、右转弯齐步走，行进间右转弯走、左转弯走）标准要求及评分办法：排面整齐，步伐一致；每有1人次单列行进、步伐错误，扣0.3分。

m) 队列敬礼（停止间）标准要求及评分办法：排面整齐，动作一致；每有1人次做错，扣0.3分。

n) 操练结束标准要求及评分办法：领队指挥员报告词："报告！×××救护队队列操练完毕，请首长指示！报告人：队长×××！"首长指示词："请带回！"接受指示后回答："是！"行礼后返回队列前，将队列成纵队跑步带出场地。报告词有漏项或报告词出现错误，每处扣0.3分。

队列操练场地布置如图 2 - 1 所示。

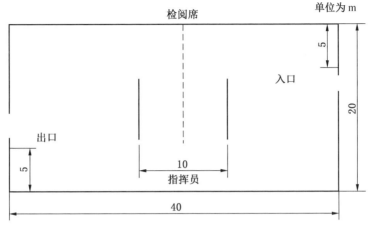

图 2 - 1　队列操练场地布置图

【释义】本条是对 14 项考核内容的标准要求及评分办法进行了规定。

1. 领取与布置任务

（1）领队指挥员整好队伍后，应跑步到首长处报告及领取任务，再返回向队列人员简要布置任务；领队指挥员报告词："报告！×××救护队操练队列集合完毕，请首长指示！报告人：队长×××！"首长指示词："请操练！"接受指示后回答："是！"行礼后返回队列前，向队列人员简要布置操练的项目。

报告前和领取任务后未向首长行举手礼，报告词有漏项或报告词出现错误，每处扣 0.3 分。

（2）领队指挥员在报告和向队列人员布置任务时，队列人员应成立正姿势，不许做其他动作，否则，按列队人员动作不正确论处，每人次扣 0.3 分。

（3）在各项操练过程中，不许再分项布置任务和用口令、动作提示，否则，每次扣 0.5 分。

2. 解散

指挥员发出解散命令后，队列人员听到口令后要迅速离开原位散开，否则，每人次扣0.3分。

3. 集合

指挥员发出解散命令后，队列人员听到集合预备令时，应在原地面向指挥员成立正姿势站好，否则，每人次扣0.3分。听到口令应跑步按口令集合（凡在指挥员后侧人员均应从指挥员右侧绕行），否则，每人次扣0.3分。

4. 立正、稍息

指挥员发出口令后，队列人员按动作要领分别操练，姿势正确、动作整齐一致，否则，每人次扣0.3分。

5. 整齐（依次为整理服装、向右看齐、向左看齐、向中看齐）

在整齐时，先整理服装一次（整理队帽、衣领、上口袋盖、军用腰带、下口袋盖）。整理顺序错误或看齐动作与口令不符，每人次扣0.3分。

6. 报数

报数时要准确、短促、洪亮、转头（最后一名不转头）。报数不转头或报错数，每人次扣0.3分。

7. 停止间转法（依次为向右转、向左转、向后转、半面向右转、半面向左转）

（1）指挥员发出命令后，队列人员应动作准确，整齐一致，转错，每人次扣0.3分。

（2）转法顺序颠倒，每次扣0.5分，每少做1次扣0.5分。

8. 齐步走、正步走、跑步走（均为横队）

指挥员发出命令后。队列排面整齐，步伐一致，每个动作做两次，每少做1次扣0.5分；顺序颠倒扣0.5分；每有1人次走（跑）错，扣0.3分。

9. 立定

在齐步走、正步走和跑步走分别作立定动作，要整齐一致。每人次做错扣0.3分。

10. 步伐变换（依次为齐步变跑步、跑步变齐步、齐步变正步、正步变齐步）

指挥员发出命令后，队列人员按要领操练，排面整齐、步伐一致。每人次做错扣 0.3 分；顺序颠倒每次扣 0.5 分；每少做 1 次扣 0.5 分。

11. 行进间转法（均在齐步走时向左转走、向右转走、向后转走）

指挥员发出命令后，队列人员排面整齐、步伐一致。每人次做错扣 0.3 分；顺序颠倒每次扣 0.5 分；每少做 1 次扣 0.5 分。

12. 纵队方向变换（停止间左转弯齐步走、右转弯齐步走，行进间右转弯走、左转弯走）

指挥员发出命令后，队列人员排面整齐、步伐一致。每人次做错扣 0.3 分；顺序颠倒每次扣 0.5 分；每少做 1 次扣 0.5 分。

13. 队列敬礼（停止间）

指挥员发出命令后，队列人员排面整齐、动作一致。每人次做错扣 0.3 分。

14. 操练结束

领队指挥员报告词："报告！×××救护队队列操练完毕，请首长指示！报告人：队长×××！"首长指示词："请带回！"接受指示后回答："是！"行礼后返回队列前，将队列成纵队跑步带出场地，否则，每漏报 1 项或报告词错误，每处扣 0.3 分。

本条对原《规范》6.9.2 进行了修订，修改了队容考核标准要求，删除了"整齐分"的概念，明确了行进间队列操练时，行进距离不小于 10 m，增加了队列操练结束时领队指挥员报告词。

6.10　日常管理（10 分）

【释义】名称由综合管理修订为日常管理，标准分值由 15 分调整为 10 分。原《规范》中"值班室管理 1 分、规章制度 1 分、各种记录 3 分、计划管理 2 分、预防性安全检查 2 分、考核评比 2 分、技术管理 2 分、内务管理 2 分"，修订为"值班室管理、规章制度、任务管理、记录管理、各类检查、内务管理、独立中队管理"。原《规范》考核时小项标准分扣完为止,《考核规范》删除了小项标准分,考核时小项扣分最多可扣10分。

6.10.1 值班室管理

6.10.1.1 值班室管理标准要求:电话值班室应装备录音电话机、报警装置、计时钟、接警记录簿、交接班记录簿、救护队伍部署图、服务区域矿山分布图、作息时间表和工作日程图表。

6.10.1.2 值班室管理评分办法:每缺1种扣0.5分。

【释义】本条是对值班室装备配备的标准要求和评分办法进行了规定。

电话值班室应装备录音电话、报警装置、计时钟、接警记录簿、交接班记录簿、救护队伍部署图、服务区域矿山分布图、作息时间表和工作日程图表。每缺1种扣0.5分。

本条对原《规范》6.10.1.1进行了修订,删除了普通电话机、事故记录图板、值班图表,增加了交接班记录簿、救护队伍部署图,修改了值班室部分牌板名称。

6.10.2 规章制度

6.10.2.1 规章制度标准要求:制定并落实中队指挥员值班、小队值班和待机、会议、学习和训练、氧气充填室管理、装备维护保养与管理、战备器材库管理、车辆使用及库房管理、事故救援总结讲评、评比检查、预防性安全检查、内务管理、考勤和奖惩等工作制度。

独立中队除制定并落实上述制度外,还应制定并落实技术服务管理、财务管理、档案管理等工作制度。

6.10.2.2 规章制度评分办法:制度缺1项扣1分,1项制度未落实扣0.5分。

【释义】本条是对中队应制定规章制度的标准要求和评分办法进行了规定。

中队应制定中队指挥员值班、小队值班和待机、会议、学习和训练、氧气充填室管理、装备维护保养与管理、战备器材库管理、车辆使用及库房管理、事故救援总结讲评、评比检查、预防性安全检查、内务管理、考勤和奖惩等工作制度，每缺1项制度扣1分；1项制度未落实扣0.5分。

独立中队除制定并落实上述制度外，还应制定并落实技术服务管理、财务管理、档案管理等工作制度，否则，每缺1项制度扣1分，1项制度未落实扣0.5分。

本条对原《规范》6.10.1.2进行了修订，中队规章制度由15项减少为14项，修改了部分规章制度名称，增加了独立中队的规章制度要求。

6.10.3 任务管理

6.10.3.1 任务管理标准要求：按照大队（独立中队）年度、季度和月度工作计划，制定各项工作任务分解表，明确责任分工、细化落实措施，并严格对照落实。

6.10.3.2 任务管理评分办法：未制定年度、季度和月度工作任务分解表各扣1分，未落实1项扣0.5分。

【释义】本条是对中队任务管理的标准要求和评分办法进行了规定。

中队应按照大队年度、季度和月度工作计划，制定各项工作任务分解表，明确责任分工、细化落实措施，并严格对照落实。未制定各项工作任务分解表各扣1分，有1项未落实扣0.5分。

独立中队也应按照年度、季度和月度工作计划，制定各项工作任务分解表，明确责任分工、细化落实措施，并严格对照落实。未制定各项工作任务分解表各扣1分，有1项未落实扣0.5分。

本条对原《规范》6.10.1.4进行了修订，原《规范》的"计划管理"修改为"任务管理"，修改了任务管理标准要求，增加了独立中队标准要求。

6.10.4 记录管理

6.10.4.1 记录管理标准要求：建立工作日志（包含会议、学习)、值班与交接班、训练(包含体能、技能、模拟演习等)、装备维护保养、评比检查(含标准化自评)、预防性安全检查、事故接警、事故救援、考勤和奖惩等记录,并保存1年及以上。工作日志由值班指挥员填写,其他记录按岗位责任制的要求填写。

独立中队除建立上述各项记录外,还应建立培训、装备及设施更新、技术服务等记录,并保存1年及以上。保存人员信息、装备与设施、培训与训练、事故救援总结和工作文件等档案资料,保存3年及以上。

6.10.4.2 记录管理评分办法:缺1项记录或档案资料扣1分,记录不完整1项扣0.5分。

【释义】本条是对中队各种记录管理的标准要求及评分办法进行了规定。

中队应建立工作日志(包含会议、学习)、值班与交接班、训练(包含体能、技能、模拟演习等)、装备维护保养、评比检查(含标准化自评)、预防性安全检查、事故接警、事故救援、考勤和奖惩等记录,并保存1年及以上。工作日志由值班指挥员填写,其他记录按岗位责任制的要求填写,否则,缺1项记录或档案资料扣1分,记录不完整1项扣0.5分。

独立中队除建立上述各项记录外,还应建立培训、装备及设施更新、技术服务等记录,并保存1年及以上。保存人员信息、装备与设施、培训与训练、事故救援总结和工作文件等档案资料,保存3年及以上,否则,缺1项记录或档案资料扣1分。

本条对原《规范》6.10.1.3进行了修订,中队记录由24本减少为10本,修改了记录名称,增加了记录保存时间要求,增加了独立中队记录管理要求。

6.10.5 各类检查

6.10.5.1 各类检查标准要求:按计划到服务矿井进行熟悉巷道和预防性安全检查,绘出检查路线及通风系统示意图;每季度组织1次标准化自评。

6.10.5.2　各类检查评分办法：未按计划开展预防性安全检查扣1分，未绘制示意图扣0.5分；查看一整年的标准化自评资料，少开展1次扣1分。

【释义】本条是对中队各类检查的标准要求及评分办法进行了规定。

根据《矿山救护队预防性安全检查工作指南》（应救矿山〔2021〕18号）规定，开展预防性安全检查，分为熟悉路线型预防性安全检查和专项预防性安全检查两种方式。其中，专项安全检查主要包括火灾、水灾、瓦斯、煤尘、顶板等方面内容（根据服务矿山企业的实际情况，救护队可增加其他类型的专项检查内容）。预防性安全检查期间，在佩带、佩用氧气呼吸器进行预防性安全检查的同时，开展多种形式的业务能力自查。中队应制定预防性安全检查计划，每月至少进行1次预防性安全检查（国家矿山应急救援队每个救护小队每月至少进行1次预防性安全检查），年度计划应覆盖全部服务矿井。未按计划开展预防性安全检查每次扣1分，未绘制示意图每处扣0.5分，队员个人业务能力自查不符合规定，每处扣0.5分。

每季组织1次标准化自评，少检查1次（查看一整年的标准化自评资料）扣1分。

本条对原《规范》6.10.1.5进行了修订，"预防性安全检查"修改为"各类检查"，增加了每季度组织1次标准化自评的要求。

6.10.6　内务管理

6.10.6.1　内务管理标准要求：室外环境舒适、整洁和畅通，室内保持干净、整齐、简便，宿舍、值班室物品悬挂一条线、床上卧具叠放一条线、洗刷用品摆放一条线。

6.10.6.2　内务管理评分办法：发现1项（处）不符合要求扣1分。

【释义】本条是对中队内务管理的标准要求及评分办法进行了规定。

中队管辖区域室外环境整洁，道路畅通，室内保持干净、整齐；

宿舍、值班室物品悬挂一条线、床上卧具叠放一条线、洗刷用品摆放一条线，发现1项（处）不符合要求扣1分。

本条对原《规范》6.10.3进行了修订。

6.10.7　独立中队管理

独立中队除执行上述管理规定外，还应执行以下规定。

a）准军事化管理标准要求及评分办法如下。

1）统一着装，佩戴矿山救援标志。

2）日常办公、值班、理论和业务知识学习、准军事化操练等工作期间，着制服。

3）技术操作、仪器操作、入井准备、医疗急救、模拟演习等训练期间，着防护服。

4）未统一着装扣1分，未按规定配备服装扣1分。

b）牌板管理标准要求及评分办法如下。

1）悬挂组织机构牌板、接警记录牌板和评比检查牌板。

2）缺1种扣1分。

c）劳动保障标准要求及评分办法如下。

1）指战员应享受矿山采掘一线作业人员的岗位工资、入井津贴和夜班补助等待遇。

2）佩用氧气呼吸器工作，应享受特殊津贴；在高温、烟雾和冒落的恶劣环境中佩用氧气呼吸器工作的，特殊津贴增加一倍。

3）所在单位除了执行医疗、养老、失业和工伤等职工保险各项制度外，还应为指战员购买人身意外伤害保险。

4）体检指标不适应岗位要求的，或者年龄达到规定上限但未达到退休年龄的，所在单位应另行安排适当工作。

5）上述4项要求，未达到1项扣1分。

【释义】本条是对独立中队管理的标准要求及评分办法进行了规定。

（1）独立中队指战员应统一着装，佩戴矿山救援标志。日常办公、值班、理论和业务知识学习、准军事化操练等工作期间，着制服；技术操作、仪器操作、入井准备、医疗急救、模拟演习等训练期间，期间着防护服。未统一着装扣 1 分，未按规定配齐服装扣 1 分。

（2）独立中队应悬挂组织机构牌板、接警记录牌板和评比检查牌板。缺 1 种扣 1 分。

（3）救护指战员应享受矿山采掘一线作业人员的岗位工资、入井津贴和夜班补助等待遇。所在单位除了执行医疗、养老、失业和工伤等职工保险各项制度外，还应为指战员购买人身意外伤害保险；佩用氧气呼吸器工作，应享受特殊津贴；在高温、烟雾和冒落的恶劣环境中佩用氧气呼吸器工作的，特殊津贴增加一倍；体检指标不适应岗位要求的，或者年龄达到规定上限但未达到退休年龄的，所在单位应另行安排适当工作，否则，每有 1 项达不到要求扣 1 分。

本条为新增加内容。

附件一 矿山救护队标准化考核规范

中华人民共和国应急管理部
公 告

2021 年 第 5 号

中华人民共和国应急管理部批准以下 2 项安全生产行业标准（标准文本见附件），自 2022 年 3 月 1 日起施行，现予公布。

附件：1. AQ/T 1118—2021 矿山救援培训大纲及考核规范
2. AQ/T 1009—2021 矿山救护队标准化考核规范

应急管理部
2021 年 12 月 24 日

前　言

本文件按照 GB/T 1.1—2020《标准化工作导则　第 1 部分：标准化文件的结构和起草规则》的规定起草。

本文件代替 AQ 1009—2007《矿山救护队质量标准化考核规范》，与 AQ 1009—2007 相比，除结构调整和编辑性改动外，主要技术变化如下：

a）调整了大队、中队考核项目分值的分配（见 4.3、4.4，2007 年版的 4.2）；

b）修改了独立中队标准化考核标准及评分办法（见 4.4、第 6 章，2007 年版的 4.2、第 5 章、第 6 章）；

c）修改了考核等级设置，考核等级由四级改为三级（见 4.4，2007 年版的 4.4）；

d）增加了矿山救护队达到各等级的前置条件（见 4.5）；

e）修改了独立中队开展达标自检的时间要求（见 4.6，2007 年版的 4.5）；

f）修改了矿山救护队标准化考核等级公布管理机构（见 4.7，2007 年版的 4.6）；

g）增加了大队指挥员岗位总人数、从业年限、学历要求，以及年龄和身体状况，修改了大队科室设置数量、人数要求（见 5.1，2007 年版的 5.1）；

h）修改了大队技术装备，增加了大队设施要求（见 5.2，2007 年版的 5.2）；

i）删除了建立培训机构要求，增加了大队组织开展综合性演习训练要求（见 5.3，2007 年版的 5.3）；

j）增加了大队牌板管理、标准化考核内容，删除了技术竞赛内容（见 5.4，2007 年版的 5.4）；

k）增加了独立中队科室设置要求（见 6.1，2007 年版的 6.1）；

l）修改了中队培训与训练内容（见 6.2，2007 年版的 6.2）；

m）修改了中队、小队和指战员个人基本装备配备及维护保养和中队设施标准要求（见 6.3，2007 年版的 6.3）；

n）修改了业务技术工作内容（见 6.4，2007 年版的 6.4）；

o）修改了救援准备内容，增加了矿井火灾、瓦斯和煤尘爆炸、煤（岩）与瓦斯（二氧化碳）突出等事故出动要求及报告程序（见 6.5，2007 年版的 6.5）；

p）修改了医疗急救内容（见 6.6，2007 年版的 6.6）；

q）修改了中队技术操作内容，删除了安装惰性气体发生装置或惰泡装置考核项目，增加了带风接风筒的技术操作要求（见 6.7，2007 年版的 6.7）；

r）修改了综合体质内容（见 6.8，2007 年版的 6.8）；

s）修改了准军事化风纪、礼节、队容要求（见 6.9，2007 年版的 6.9）；

t）修改了中队日常管理内容，增加了独立中队管理要求（见 6.10，2007 年版的 6.10）。

请注意本文件的某些内容可能涉及专利。本文件的发布机构不承担识别专利的责任。

本文件由中华人民共和国应急管理部提出。

本文件由全国安全生产标准化技术委员会煤矿安全分技术委员会（SAC/TC 288/SC 1）归口。

本文件起草单位：应急管理部矿山救援中心、中国安全生产科学研究院、国家矿山安全监察局山东局。

本文件主要起草人：邹维纲、周北驹、邱雁、张安琦、王庆、张立、李刚、李刚业、宋先明、刘永立。

本文件及其所代替文件的历次版本发布情况为：

——2007 年首次发布为 AQ 1009—2007；

——本次为第一次修订。

1　范围

本文件规定了矿山救护队标准化考核的一般规定、矿山救护大队（以下简称大队）标准化考核标准及评分办法、大队所属中队和独立中队标准化考核标准及评分办法。

本文件适用于县级及以上矿山救援管理机构开展矿山救护队标准化考核工作。

2　规范性引用文件

本文件没有规范性引用文件。

3　术语和定义

下列术语和定义适用于本文件。

3.1　矿山救护队　mine rescue team

处理矿山事故的专业应急救援队伍，实行标准化、准军事化管理和 24 h 值班。

3.2　矿山救护指战员　commander and rescuer of mine rescue

矿山救护指挥员和队员的统称。

3.3　矿山救护指挥员　commander of mine rescue

矿山救护队担任副小队长及以上职务人员、技术负责人的统称。

3.4　演习巷道　tunnel for exercising

供矿山救护队演习训练的地下巷道或地面封闭构筑物。

3.5　风障　air brattice

在矿井巷道或工作面内调整风流的设施。

3.6　高温浓烟训练　high temperature smoke exercise

矿山救护队在演习巷道内模拟高温浓烟环境开展的演习训练。

4　一般规定

4.1　按照矿山救护队建制，矿山救护队标准化考核分为大队考核（含所属中队）和独立中队考核。

4.2 大队和独立中队标准化考核采用每项单独扣分的方法计分，标准分扣完为止。

4.3 大队标准化考核包括组织机构（8分）、技术装备与设施（10分）、业务培训（6分）、综合管理（6分）和所属中队（百分制得分乘以70%）共5个大项，满分为100分。大队标准化考核得分＝前四大项得分之和＋所属中队得分×70%。大队标准化考核时，对全部所属中队或随机抽取1~2个所属中队进行考核，平均得分为所属中队得分。

4.4 大队所属中队和独立中队标准化考核包括队伍及人员（10分）、培训与训练（7分）、装备与设施（17分）、业务工作（15分）、救援准备（5分）、医疗急救（5分）、技术操作（13分）、综合体质（10分）、准军事化操练（8分）、日常管理（10分）共10项，满分为100分。大队所属中队和独立中队标准化考核得分为10项得分之和。

大队所属中队和独立中队标准化考核的10个项目应全部考核。每个项目包含若干小项，除规定可采取抽小项考核外，其他均应逐小项考核。每个项目在逐小项考核时，按实际扣分计算，该项标准分扣完为止；在抽小项考核时，按该项标准分乘以该项总扣分率计算该项总扣分值，该项总扣分率等于该项中实际抽查小项扣分率的平均值。

大队所属中队和独立中队标准化考核时，业务知识和准军事化操练由2个及以上小队集体完成，其他项目以小队为单位独立完成。2个以上小队完成同一项目，小队平均得分为该项目中队得分。

4.5 矿山救护队标准化考核分为3个等级，分别为一级、二级、三级，如果未达到60分，则不予评级，应限期整改，等级评级要求如下。

a）一级，总分90分及以上，且具备以下条件。

1）大队建制且建队10年及以上，考核前3年内无救援违规造成自身死亡事故。

2）大队由不少于 3 个中队组成，所属中队由不少于 3 个小队组成。小队由不少于 9 名矿山救护指战员（以下简称指战员）组成。

3）大队、大队所属中队、小队和个人的装备与设施得分分别不低于相应项目标准分的 90%。

4）具有模拟高温浓烟环境的演习巷道、面积不少于 500 m^2 的室内训练场馆、面积不少于 2000 m^2 的室外训练场地。

5）大队、大队所属各中队矿山救护指挥员（以下简称指挥员）及其小队实行 24 h 值班。

b）二级，总分 80 分及以上，且具备以下条件。

1）建队 5 年及以上，考核前 2 年内无救援违规造成自身死亡事故。

2）大队由不少于 2 个中队组成，所属中队由不少于 3 个小队组成；独立中队由不少于 4 个小队组成。大队和独立中队所属小队由不少于 9 名指战员组成。

3）大队、独立中队、大队所属中队、小队和个人的装备与设施得分分别不低于相应项目标准分的 80%。

4）具有模拟高温浓烟环境的演习巷道、面积不少于 300 m^2 的室内训练场馆、面积不少于 1200 m^2 的室外训练场地。

5）大队、独立中队、大队所属中队指挥员及其小队实行 24 h 值班。

c）三级，总分 60 分及以上，且具备以下条件。

1）建队 1 年及以上。

2）大队由不少于 2 个中队组成，所属中队由不少于 3 个小队组成；独立中队由不少于 3 个小队组成。大队和独立中队所属小队由不少于 9 名指战员组成。

3）大队、独立中队、大队所属中队、小队和个人的装备与设施得分分别不低于相应项目标准分的 60%。

4）具有演习巷道、室内训练场馆、面积不少于 800 m^2 的室外训练场地。

5）大队、独立中队、大队所属中队指挥员及其小队实行 24 h 值班。

4.6 应当按规定定期组织开展矿山救护队标准化考核。

4.7 矿山救护队标准化考核等级实行动态管理。标准化考核等级按规定对社会公布。

4.8 矿山救护队依托单位需将矿山救护队标准化工作与矿井标准化工作同规划、同考核、同总结、同奖惩，并纳入本单位标准化建设中。

5 大队标准化考核标准及评分办法

5.1 组织机构（8 分）

5.1.1 组织机构考核标准要求如下。

a）大队设大队长 1 人，副大队长 2 人，总工程师 1 人，副总工程师 1 人。大队指挥员人数不应少于 5 人。

b）大队指挥员应熟悉矿山救援业务，具有相应矿山专业知识，熟练佩用氧气呼吸器，从事矿山生产、安全、技术管理工作 5 年及以上和矿山救援工作 3 年及以上，并经国家矿山救援培训机构培训取得合格证。

c）大队指挥员应具有大专及以上学历，总工程师应具有中级及以上技术职称。

d）大队指挥员年龄不超过 55 岁。

e）大队指挥员每年进行 1 次体检，体检指标应符合岗位要求。

f）大队业务科室应具备战训、培训、装备管理及综合办公等职能，设置不少于 2 个，每科室专职人员不少于 3 人。战训工作人员应从事矿山救援工作 3 年及以上，并经省级及以上矿山救援培训机构培训取得合格证。

5.1.2 组织机构评分办法：未达到 5.1.1a）项规定少 1 人扣 3 分；未达到 5.1.1b）、5.1.1c）、5.1.1d）、5.1.1e）项规定 1 人次扣

1 分；未达到 5.1.1f）项规定业务科室少 1 个扣 2 分，专职人员术达到规定 1 人次扣 1 分。

5.2　技术装备与设施（10 分）

5.2.1　技术装备

大队基本装备配备标准及扣分办法见表 1。

表 1　大队基本装备配备标准及扣分办法

类别	装备名称	要求及说明	单位	数量	扣分
车辆	指挥车	—	辆	2	2
	气体化验车	安装气体分析仪器，配有打印机和电源	辆	1	1
	装备车	—	辆	1	1
通信器材	视频指挥系统	双向可视、可通话	套	1	1
	录音电话	值班室配备	部	1	0.5
	对讲机	—	部	6	0.5
灭火器材	高倍数泡沫灭火机	—	套	1	1
	惰气灭火装置	N_2、CO_2 等	套	1	0.5
	快速密闭	喷涂、充气、轻型组合均可	套	4	0.5
排水设备	潜水泵	流量为 100 m^3/h 或 200 m^3/h 及以上	台	2	0.5
	高压软体排水管	承压 4.5 MPa 及以上	m	1000	0.5
	泥沙泵	—	台	1	1
检测设备	气体分析化验设备	能够分析 O_2、N_2、CO_2、CO、CH_4、C_2H_6、C_2H_4、C_2H_2、H_2 等浓度	套	1	1
	便携式气体分析化验设备	能对矿井火灾气体进行分析化验	套	1	1
	氢氧化钙化验设备	—	套	1	0.5
	热成像仪	—	台	1	1
	生命探测仪	—	套	1	1
	氧气呼吸器校验仪	—	台	2	1.5

表1（续）

类别	装备名称	要求及说明	单位	数量	扣分
训练设备	心理素质训练设施	高空组合、独立和地面组合、独立拓展训练器材	套	1	0.5
	多功能体育训练器械	含跑步机、臂力器、体能综合训练器械等	套	1	0.5
	多媒体电教设备	—	套	1	0.5
信息处理设备	传真机	—	台	1	0.5
	打印机	指挥员1台/人	台		0.5
	复印机	—	台	1	0.5
	台式计算机	指挥员1台/人	台		0.5
	笔记本电脑	配无线网卡	台	2	0.5
	数码摄像机	防爆	台	1	0.5
	数码照相机	防爆	台	1	0.5
工具药剂	防爆射灯	—	台	2	0.5
	破拆、支护工具	具有剪切、扩张、破碎、切割、起重、支护等功能	套	1	1
	氢氧化钙	—	t	0.5	0.5
	泡沫药剂	—	t	0.5	0.5

注：不完好或数量不足按该项扣分值扣分。

5.2.2 设施

设施标准要求：设施应包括办公室、会议室、学习室、修理室、气体分析化验室、装备器材库、车库。

设施评分办法：每缺少1项设施扣1分。

5.3 业务培训（6分）

5.3.1 业务培训标准要求如下。

a）大队指挥员按规定参加复训。

b）制定大队指战员年度培训计划。

c）协助矿山企业对职工开展矿山救援知识的普及教育。

d）每年组织 1 次包括应急响应、应急指挥、灾区侦察、方案制定、救援实施、协同联动和突发情况应对等内容的综合性演习训练。

e）按规定组织对矿山救护队和兼职救护队人员进行技术培训及技能训练。

f）举办矿山救援新技术、新装备推广应用和典型案例专题讲座。

5.3.2　业务培训评分办法：查阅证件，未按 5.3.1a）项规定参加复训 1 人扣 1 分；查阅原始记录和资料，5.3.1b）、5.3.1c）、5.3.1d）、5.3.1e）、5.3.1f）项有 1 项达不到要求扣 1 分。

5.4　综合管理（6 分）

5.4.1　准军事化管理

5.4.1.1　准军事化管理标准要求：统一着装，佩戴矿山救援标志；日常办公、值班、理论和业务知识学习、准军事化操练等工作期间，着制服；技术操作、仪器操作、入井准备、医疗急救、模拟演习等训练期间，着防护服。

5.4.1.2　准军事化管理评分办法：未统一着装扣 1 分，未按规定配备服装扣 1 分。

5.4.2　制度管理

5.4.2.1　制度管理标准要求：制定大队指挥员及业务科室岗位责任制和各项管理制度，并严格执行。制度包括大队指挥员 24 h 值班、会议、学习与培训、装备及设施更新维护与管理、战备器材库管理、车辆使用及库房管理、氧气充填室管理、事故救援总结讲评、评比检查、预防性安全检查和技术服务管理、内务管理、财务管理、档案管理、考勤和奖惩等工作制度。

5.4.2.2　制度管理评分办法：制度缺 1 项扣 1 分，1 项制度未落实扣 0.5 分。

5.4.3　计划管理

5.4.3.1　计划管理标准要求：制定年度、季度和月度工作计划，内容包括队伍建设、培训与训练、装备管理、评比检查、预防性安全检查和技术服务、内务管理、财务管理和设备设施维修等。按照计划认真落实，并分别形成工作总结。

5.4.3.2 计划管理评分办法：缺年度、季度和月度计划或总结各扣 1 分，计划内容缺 1 项扣 0.5 分。

5.4.4 资料管理

5.4.4.1 资料管理标准要求：建立工作日志（包含会议、学习）、值班、培训、装备及设施更新维护、评比检查（含标准化自评）、预防性安全检查和技术服务、事故接警、事故救援、考勤和奖惩等记录，并保存 1 年及以上。工作日志由值班指挥员填写，其他记录按岗位责任制的要求填写。保存人员信息、装备与设施、培训与训练、事故救援总结和工作文件等档案资料，保存 3 年及以上。

5.4.4.2 资料管理评分办法：缺 1 项记录或档案资料扣 1 分，记录不完整 1 项扣 0.5 分。

5.4.5 牌板管理

5.4.5.1 牌板管理标准要求：悬挂组织机构牌板、救护队伍部署图、服务区域矿山分布图、值班日程表、接警记录牌板和评比检查牌板。

5.4.5.2 牌板管理评分办法：缺 1 种扣 1 分。

5.4.6 标准化考核

5.4.6.1 标准化考核标准要求：每半年组织 1 次大队（包括全部所属中队）的标准化考核。

5.4.6.2 标准化考核评分办法：查看上一年度的考核资料，少考核 1 次扣 2 分，少考核 1 个所属中队扣 1 分。

5.4.7 劳动保障

5.4.7.1 劳动保障标准要求如下。

a）指战员应享受矿山采掘一线作业人员的岗位工资、入井津贴和夜班补助等待遇。

b）佩用氧气呼吸器工作，应享受特殊津贴。在高温、烟雾和冒落的恶劣环境中佩用氧气呼吸器工作的，特殊津贴增加一倍。

c）所在单位除了执行医疗、养老、失业和工伤等职工保险各项制度外，还应为指战员购买人身意外伤害保险。

d）体检指标不符合岗位要求的，或者年龄达到规定上限但未达到退休年龄的，所在单位应另行安排适当工作。

5.4.7.2 劳动保障评分办法：上述 4 项要求，未达到 1 项扣 1 分。

6 大队所属中队、独立中队及所属小队标准化考核标准及评分办法

6.1 队伍及人员（10 分）

6.1.1 队伍及人员考核标准要求如下。

a）中队设中队长 1 人，副中队长 2 人，技术员 1 人。中队指挥员人数不应少于 4 人。小队设正、副小队长各 1 人。

b）中队指挥员应熟悉矿山救援业务，具有相应矿山专业知识，熟练佩用氧气呼吸器，从事矿山生产、安全、技术管理工作 5 年及以上和矿山救援工作 3 年及以上，并按规定参加培训取得合格证。

c）中队指挥员应具有中专以上学历，技术员应具有初级及以上技术职称。

d）中队指挥员年龄不超过 50 岁。

e）中队应配备必要的管理人员、司机、仪器维修和氧气充填人员。

f）小队指战员年龄不超过 45 岁。40 岁以下人员至少要保持在 2/3 以上。

g）指战员每年进行 1 次体检，体检指标应符合岗位要求。

h）独立中队除具备上述条件外，还应设具备办公、战训、培训及装备管理等职能的综合科室，专职人员不少于 2 人。战训工作人员应从事矿山救援工作 2 年及以上，并经省级及以上矿山救援培训机构培训取得合格证。

6.1.2 队伍及人员评分办法：查阅资料和现场抽查相结合。未达到 6.1.1a）项规定中队指挥员人数少 1 人扣 2 分，未达到

6.1.1b)、6.1.1c)、6.1.1d)、6.1.1e）项规定，1 人扣 1 分；小队指战员超龄或 40 岁以下人员不足 2/3 的，1 人扣 1 分；未按规定进行体检或体检指标不符合岗位要求的，1 人扣 1 分；独立中队未设置综合科室扣 2 分，专职人员未达到规定 1 人次扣 1 分。

6.2 培训与训练（7 分）

6.2.1 培训与训练标准要求如下。

a）新队员应通过培训，经考核合格取得合格证。

b）指战员应按规定参加复训。

c）开展包括救援技术操作、救援装备和仪器操作、体能、医疗急救、准军事化队列等内容的日常训练。

d）中队应每季度组织 1 次高温浓烟训练，时间不少于 3 h。

e）以小队为单位，每月开展 1 次结合实战的救灾模拟演习训练，每次训练指战员佩用氧气呼吸器时间不少于 3 h。

f）独立中队除具备上述条件外，还应做到以下要求。

1）制定指战员年度培训计划。

2）协助矿山企业对职工开展矿山救援知识的普及教育。

3）每年组织 1 次包括应急响应、应急指挥、灾区侦察、方案制定、救援实施、协同联动和突发情况应对等内容的综合性演习训练。

4）举办矿山救援新技术、新装备推广应用和典型案例专题讲座。

6.2.2 培训与训练评分办法：查阅证件，6.2.1a）项达不到要求 1 人扣 1 分，6.2.1b）项达不到要求 1 人扣 0.5 分；查阅原始记录和资料，6.2.1c）、6.2.1d）、6.2.1e）项有 1 项达不到要求扣 1 分；第 6.2.1f）项有 1 条未完成扣 1 分。

6.3 装备与设施（17 分）

6.3.1 救援装备（8 分）

矿山救护中队、小队和指战员个人基本装备配备标准及扣分办法见表 2、表 3、表 4。

表2 大队所属中队和独立中队基本装备配备标准

类别	装备名称	要 求	单位	数量		扣分
				大队所属中队	独立中队	
运输通信	矿山救护车	每小队1辆,越野性能好	辆	≥3	≥3	2
	值班电话	—	部	1	1	1
	灾区电话	—	套	2	2	1
	引路线	使用无线灾区电话的配备	m	1000	1000	0.5
	指挥车	—	辆	—	1	2
	气体化验车	安装气体分析仪器,配有打印机和电源	辆	—	1	1
	装备车	—	辆	—	1	1
	录音电话	值班室配备	部	—	1	0.5
	对讲机	—	部	—	4	0.5
排水设备	潜水泵	流量为100 m³/h或200 m³/h及以上	台	—	1	1
	高压软体排水管	承压4.5 MPa以上	m	—	300	1
信息处理设备	传真机	—	台	—	1	0.5
	打印机	—	台	1	4	0.5
	复印机	—	台	1	1	0.5
	台式计算机	—	台	4	4	0.5
	笔记本电脑	配无线网卡	台	1	1	0.5
	数码摄像机	防爆	台	—	1	0.5
	数码照相机	防爆	台	—	1	0.5
个体防护	4 h氧气呼吸器	正压,全面罩	台	6	6	2
	2 h氧气呼吸器	—	台	6	6	1
	自动苏生器	—	台	2	2	1
	自救器	压缩氧	台	10	10	1

表 2（续）

类别	装备名称	要　　求	单位	数量		扣分
				大队所属中队	独立中队	
灭火装备	快速密闭	喷涂、充气、轻型组合均可	套	—	2	0.5
	高倍数泡沫灭火机	—	套	1	1	1
	干粉灭火器	8 kg	台	20	20	0.5
	风障	≥4 m×4 m，棉质	块	2	2	0.5
	水枪	开花、直流各 2 个	支	4	4	0.5
	水龙带	直径 63.5 mm 或 51.0 mm	m	400	400	0.5
检测仪器	氢氧化钙化验设备	—	套	—	1	0.5
	热成像仪	—	台	—	1	1
	氧气呼吸器校验仪	—	台	2	2	1
	便携式气体分析化验设备	能对矿山火灾气体进行分析化验	套	1	1	1
	氧气便携仪	数字显示，带报警功能	台	2	2	0.5
	红外线测温仪	—	台	1	1	0.5
	红外线测距仪	—	台	1	1	0.5
	多参数气体检测仪	能够检测到 CH_4、CO、O_2 等三种以上气体	台	1	1	0.5
	瓦斯检定器	10%、100% 库存各 2 台（金属非金属矿山救护队可以不配备）	台	4	4	0.5
	多种气体检定器	CO、CO_2、O_2、H_2S、NO_2、SO_2、NH_3、H_2 检定管各 30 支	台	2	2	0.5
	风表	满足中、低速风速测量	台	4	4	0.5
	秒表	—	块	4	4	0.5
	干湿温度计	—	支	2	2	0.5
	温度计	0 ℃～100 ℃	支	10	10	0.5

表 2（续）

| 类别 | 装备名称 | 要 求 | 单位 | 数量 | | 扣分 |
				大队所属中队	独立中队	
工具备品	破拆、支护工具	具有剪切、扩张、破碎、切割、起重、支护等功能	套	1	1	1
	防爆射灯	—	台	—	1	0.5
	防爆工具	锤、斧、镐、锹、钎、起钉器等	套	2	2	1
	氧气充填泵	氧气充填室配备	台	2	2	2
	氧气瓶	40 L	个	8	8	0.5
		4 h 氧气呼吸器每台备用 1 个	个	—	—	0.5
	氧气瓶	2 h 氧气呼吸器、自动苏生器每台备用 1 个	个	—	—	0.5
	救生索	长 30 m，抗拉强度 3000 kg	条	1	1	0.5
	担架	含 2 副负压多功能担架、防静电	副	4	4	0.5
	保温毯	棉质	条	4	4	0.5
	快速接管工具	—	套	2	2	0.5
	绝缘手套	—	副	3	3	0.5
	电工工具	—	套	2	2	0.5
	冰箱或冰柜	—	台	1	1	0.5
	瓦工工具	—	套	2	2	0.5
	灾区指路器	或冷光管	支	10	10	0.5
	救援三脚架		支	1	1	0.5
训练设备	体能综合训练器械	—	套	1	1	0.5
药剂	泡沫药剂	—	t	0.5	0.5	0.5
	氢氧化钙	—	t	0.5	0.5	0.5

注：不完好或数量不足按该项扣分值扣分。

表3 矿山救护小队基本装备配备标准

类别	装备名称	要 求 及 说 明	单位	数量	扣分
通信器材	灾区电话	—	套	1	1
	引路线	使用无线灾区电话的配备	m	1000	0.5
个人防护	矿灯	备用	盏	2	0.5
	4 h 氧气呼吸器	正压，全面罩	台	1	2
	2 h 氧气呼吸器	—	台	1	2
	自动苏生器	—	台	1	1
灭火装备	灭火器	干粉 8 kg	台	2	0.5
	风障	≥4 m×4 m，棉质	块	1	0.5
	帆布水桶	棉质	个	2	0.5
检测仪器	氧气呼吸器校验仪	—	台	1	1
	瓦斯检定器	10%、100% 各一台	台	2	0.5
	多种气体检定器	筒式（CO、O_2、H_2S、H_2 检定管各 30 支）	台	1	0.5
	氧气检定器	便携式数字显示，带报警功能	台	1	0.5
	多参数气体检测仪	检测 CH_4、CO、O_2 等	台	1	0.5
	风表	满足中、低速风速测量	台	1	0.5
	红外线测温仪	—	台	1	0.5
	温度计	0 ℃ ~100 ℃	支	2	0.5
工具备品	氧气瓶	2 h、4 h 氧气呼吸器备用	个	4	0.5
	灾区指路器	冷光管或者灾区强光灯	个	10	0.5
	担架	防静电	副	1	0.5
	采气样工具	包括球胆 4 个	套	2	0.5
	保温毯	棉质	条	1	0.5
	液压起重器	或者起重气垫	套	1	0.5
	防爆工具	锯、锤、斧、镐、锹、钎、起钉器等	套	1	0.5
	电工工具	—	套	1	0.5
	瓦工工具	—	套	1	0.5
	皮尺	10 m	个	1	0.5

表3（续）

类别	装备名称	要 求 及 说 明	单位	数量	扣分
工具备品	卷尺	2 m	个	1	0.5
	钉子包	内装常用钉子各1 kg	个	2	0.5
	信号喇叭	一套至少2个	套	1	0.5
	绝缘手套	—	副	2	0.5
	救生索	长30 m，抗拉强度3000 kg	条	1	0.5
	探险杖	—	个	1	0.5
	负压夹板	或者充气夹板	副	1	0.5
	急救箱	—	个	1	0.5
	记录本	—	本	2	0.5
	记录笔	—	支	2	0.5
	备件袋	内装防雾液、各种易损易坏件等	个	1	0.5

注1：不完好或数量不足按该项扣分值扣分。

注2：急救箱内装止血带、夹板、绷带、胶布、药棉、镊子、剪刀、酒精、碘伏、消炎药等。

表4　矿山救护队指战员个人基本装备配备标准

类别	装备名称	要　求	单位	数量	扣分
个人防护	4 h氧气呼吸器	正压，全面罩	台	1	2
	自救器	压缩氧	台	1	0.5
	救援防护服	带反光标志，防静电	套	1	1
	胶靴	防砸、防扎	双	1	1
	毛巾	棉质	条	1	0.5
	安全帽	—	顶	1	0.5
	矿灯	本质安全型	盏	1	0.5
装备工具	手表	副小队长以上指挥员配备，机械表	块	1	0.5
	移动电话	副小队长以上指挥员配备	部	1	0.5
	手套	布手套、线手套、防割刺手套各1副	副	3	0.5

表4（续）

类别	装备名称	要　　求	单位	数量	扣分
装备工具	灯带	—	条	2	0.5
	背包	装救援防护服，棉质或者其他防静电布料	个	1	0.5
	联络绳	长2 m	根	1	0.5
	粉笔	—	支	2	0.5

注：不完好或数量不足按该项扣分值扣分。

6.3.2　技术装备的维护保养（5分）

6.3.2.1　技术装备的维护保养标准要求如下。

a）正压氧气呼吸器：按照氧气呼吸器说明书的规定标准，检查其性能。

b）自动苏生器：自动肺工作范围在12次/min～16次/min，氧气瓶压力在15 MPa以上，附件、工具齐全，系统完好，不漏气；气密性检查方法：打开氧气瓶，关闭分配阀开关，再关闭氧气瓶，观看氧气压力下降值，大于0.5 MPa/min为不合格。

c）氧气呼吸器校验仪：按说明书检查其性能。

d）光学瓦斯检定器：整机气密、光谱清晰、性能良好、附件齐全、吸收剂符合要求。

e）多种气体检定器：气密、推拉灵活、附件齐全、检定管在有效期内。

f）氧气便携仪：数值准确、灵敏度高。

g）灾区电话：性能完好、通话清晰。

h）氧气充填泵：专人管理、工具齐全，按规程操作，氧气压力达到20 MPa时，不漏油、不漏气、不漏水和无杂音，运转正常。

i）矿山救护车：保持战备状态，车辆完好。

j）值班车及装备库的装备要摆放整齐，挂牌管理，无脏乱现象。装备要有保养制度，放在固定地点，专人管理，保持完好。

k）装备、工具：应有专人保养，达到"全、亮、准、尖、利、稳"的规定要求。

1）救护队的装备及材料应保持战备状态，账、卡、物相符，专人管理，定期检查，保持完好。

6.3.2.2 技术装备的维护保养评分办法：按要求对个人、小队、中队装备的维护保养情况进行全面检查，对小队及个人装备的抽检率应达到 50% 以上；发现 1 台（件、处）不合格扣 0.5 分；该项总扣分值按抽检扣分值除以抽检率计算，最高不超过该项标准分。

6.3.3 设施（4 分）

6.3.3.1 设施标准要求：设施应包括接警值班室、值班休息室、办公室、会议室、学习室、氧气充填室、装备室、装备器材库、车库、体能训练设施、宿舍、浴室、食堂和仓库等。

独立中队除应有上述设施外，还应有修理室。

6.3.3.2 设施评分办法：每缺少 1 项设施扣 1 分。

6.4 业务工作（15 分）

6.4.1 业务知识及战术运用（5 分）

6.4.1.1 业务知识标准要求及评分办法：依据相关法律、法规、标准要求的内容按百分制出题，由不少于 2 个小队人员参加考试，缺 1 人扣 1 分；80 分及以上为合格，不合格 1 人扣 0.5 分。

6.4.1.2 战术运用标准要求及评分办法：模拟事故现场，被检中队指挥员制定救援方案，30 min 完成。方案不合理扣 2 分，超时扣 1 分。

6.4.2 仪器操作（10 分）

6.4.2.1 仪器操作考核方法及要求：以小队为单位，每个队员随机被抽查 3 种及以上仪器进行考核。单个队员进行全部 10 种仪器考核时，按逐小项检查扣分方式计算；未进行全部 10 种仪器考核时，按抽小项检查扣分方式计算。小队中未参加考核的队员按扣该项标准分计算，小队所有人员的平均扣分为中队仪器操作扣分。

仪器操作项目中，部件名称及有关操作内容以仪器说明书为准；应知与应会扣分各占 50%；应知部分每种仪器至少提 2 个问题。

6.4.2.2 仪器操作考核项目包括以下 10 项内容。

a) 4 h 正压氧气呼吸器 (1 分), 标准要求和评分办法如下。

1) 应知: 仪器的构造、性能、各部件名称、作用和氧气循环系统, 提问每错 1 题扣 0.2 分。

2) 应会: 设置 5 个故障, 在 30 min 内正确判断并排除; 判断错误或未排除 1 处扣 0.5 分, 超过时间扣 0.4 分。

b) 4 h 正压氧气呼吸器更换氧气瓶 (1 分), 标准要求和评分办法如下。

更换氧气瓶: 60 s 按程序完成, 操作不正确扣 1 分, 超过时间扣 0.4 分。

c) 4 h 正压氧气呼吸器更换 2 h 正压氧气呼吸器 (1 分), 标准要求和评分办法如下。

1) 应知: 仪器的构造、性能、各部件名称、作用和氧气循环系统, 提问每错 1 题扣 0.2 分。

2) 应会: 能熟练将 4 h 正压氧气呼吸器更换成 2 h 正压氧气呼吸器, 30 s 按程序完成, 操作不正确扣 0.5 分, 超过时间扣 0.4 分。

d) 自动苏生器 (1 分), 标准要求和评分办法如下。

1) 应知: 仪器的构造、性能、使用范围、主要部件名称和作用, 提问每错 1 题扣 0.2 分。

2) 应会: 苏生器准备, 60 s 完成, 操作不正确扣 0.5 分, 超过时间扣 0.4 分。

e) 氧气呼吸器校验仪 (1 分), 标准要求和评分办法如下。

1) 应知: 仪器的构造、性能、各部件名称、作用, 检查氧气呼吸器各项性能指标, 提问每错 1 题扣 0.2 分。

2) 应会: 正确检查氧气呼吸器, 检查不正确每项扣 0.5 分。

f) 光学瓦斯检定器 (1 分), 标准要求和评分办法如下。

1) 应知: 仪器的构造、性能、各部件名称、作用, 吸收剂名称, 提问每错 1 题扣 0.2 分。

2) 应会: 正确检查甲烷和二氧化碳, 操作或读数不正确扣

0.5 分。

g）多种气体检定器（1分），标准要求和评分办法如下。

1）应知：仪器的构造、性能、各部件名称、作用，提问每错1题扣0.2分。

2）应会：正确检查一氧化碳三量（常量、微量、浓量）及其他气体，正确读数、换算，不正确扣0.5分。

h）氧气便携仪（1分），标准要求和评分办法如下。

1）应知：仪器的构造、性能、各部件名称及作用，提问每错1题扣0.2分。

2）应会：正确检查氧气含量，不正确扣0.5分。

i）压缩氧自救器（1分），标准要求和评分办法如下。

1）应知：自救器的构造、原理、作用性能、使用条件及注意事项，提问每错1题扣0.2分。

2）应会：正确佩用，不正确扣0.5分。

j）灾区电话（1分），标准要求和评分办法如下。

1）应知：灾区电话的构造、性能、各部件名称及作用，提问每错1题扣0.2分。

2）应会：正确使用，不正确扣0.5分。

6.5　救援准备（5分）

6.5.1　闻警集合

6.5.1.1　闻警集合标准要求如下。

a）值班小队集体住宿，24 h 值班。

b）接到事故电话召请时，值班员应立即按下预警铃。

c）值班员在记录发生事故单位名称和事故地点、时间、类别、遇险人数及通知人姓名、单位、联系电话后，立即发出警报，并向值班指挥员报告。

d）值班小队闻警后，立即集合，面向指挥员列队，小队长清点人数，值班员向带队指挥员报告事故情况，指挥员布置任务后，立即发出出动命令。

e）值班小队在事故预警铃响后立即开始进行出动准备，在警报发出后 1 min 内出动。不需要乘车出动的，不应超过 2 min。计时方法：自发出事故警报起，至救护车出发为止；不需乘车时，至最后一名队员携带装备入列为止。

f）在值班小队出动后，待机小队 2 min 内转为值班小队。

g）接到矿井火灾、瓦斯和煤尘爆炸、煤（岩）与瓦斯（二氧化碳）突出等事故通知，应当至少派 2 个救护小队同时赶赴事故地点。

h）救护队出动后，接班人员应当记录出动小队编号及人数、带队指挥员、出动时间、记录人姓名，并向救护队主要负责人报告。救护队主要负责人应当向单位主管部门和省级矿山救援管理机构报告出动情况。

6.5.1.2 闻警集合评分办法如下。

a）值班小队少 1 人，扣 1 分；少于 6 人或未 24 h 值班，该项无分。

b）不打预警铃扣 0.5 分。

c）出动队次不符合规定扣 2 分。

d）出动时间超过规定扣 1 分。

e）记录内容错误、不全或缺项，每处扣 0.5 分。

f）未按规定程序出动，缺 1 个程序扣 0.5 分。

g）待机小队转为值班小队超过规定时间扣 1 分。

h）未按规定报告，扣 0.5 分。

6.5.2 入井准备

6.5.2.1 入井准备标准要求如下。

a）按规定，根据事故类别带齐救援装备。

b）指战员着防护服，带装备下车。

c）领取、布置任务。

d）正确进行氧气呼吸器战前检查（包括自检和互检），并做好入井准备，2 min 内完成。

e）到达指定位置后，小队长整理队伍，下达战前检查口令。

f）自检顺序为摘安全帽、戴面罩、检查面罩气密性、检查呼吸阀、打开氧气瓶、检查自动补给阀、检查手动补给阀、检查排气阀、观察氧气压力表、关闭氧气瓶。互检顺序为小队长依次检查队员呼吸器外壳、面罩、头带、氧气压力等，最后一名队员对小队长仪器进行检查。

战前检查完毕，小队长问"装备"，队员答"齐全"；小队长问"仪器"，队员答"完好"；小队长问"压力"，队员依次报告"××MPa"，小队长最后报告自己的仪器压力。小队长向中队指挥员报告："报告首长，×小队实到×人，装备齐全，仪器良好，最低气压××MPa，请指示。小队长×××。"中队指挥员发布命令后，小队长回答"是"，然后向小队布置任务。

6.5.2.2　入井准备评分办法如下。

a）小队少1人扣1分，少于6人该项无分。

b）小队和个人装备每缺少1件扣1分。

c）1人不着防护服扣1分。

d）顺序颠倒、漏项、漏报或报告内容错误，每处扣0.5分。

e）战前检查按照实战要求进行，超过规定时间扣0.5分。战前检查操作不正确1人次扣0.5分。

6.6　医疗急救（5分）

6.6.1　考核方法及要求

以小队为单位，按规定人数随机确定一组人员，随机确定2个及以上小项进行考核。小队进行全部3个小项考核时，按逐小项检查扣分方式计算；未进行全部3个小项考核时，按抽小项检查扣分方式计算。小队扣分为中队医疗急救扣分。

6.6.2　考核项目

6.6.2.1　急救器材（1分）

矿山救护中队、小队医疗急救器材基本配备标准及扣分办法见表5、表6。

表5 矿山救护中队急救器材基本配备标准

器 材 名 称	要 求	单位	数量	扣分
模拟人	—	套	1	0.5
背夹板	—	副	4	0.5
负压夹板	或者充气夹板	套	3	0.5
颈托	大、中、小号各2副	副	6	0.5
聚酯夹板	或者木夹板	副	10	0.5
止血带	—	个	20	0.5
三角巾	—	块	20	0.5
绷带	—	m	50	0.5
剪子	—	个	5	0.5
镊子	—	个	10	0.5
口式呼吸面罩/隔离膜	口对口人工呼吸用面罩	个	5/50	0.5
医用手套	—	副	20	0.5
开口器	—	个	6	0.5
夹舌器	—	个	6	0.5
伤病卡	—	张	100	0.5
相关药剂	碘伏、消炎药等	—	若干	0.5
医疗急救箱	—	个	1	0.5
防护眼镜	—	副	3	0.5
医用消毒大单	—	条	2	0.5

表6 矿山救护小队急救器材基本配备标准

器 材 名 称	要 求	单位	数量	扣分
颈托	可调试	副	2	0.5
聚酯夹板	—	副	2	0.5
三角巾	—	块	10	0.5
绷带	—	m	5	0.5

表 6（续）

器 材 名 称	要 求	单位	数量	扣分
消炎消毒药水	酒精、碘伏等	瓶	2	0.5
药棉	—	卷	2	0.5
剪子	—	个	1	0.5
衬垫	—	卷	5	0.5
冷敷药品	—	份	2	0.5
口式呼吸面罩/隔离膜	—	个	2/20	0.5
医用手套	—	副	2	0.5
夹舌器	—	个	1	0.5
开口器	—	个	1	0.5
镊子	—	个	2	0.5
止血带	—	个	5	0.5
无菌敷料	或无菌纱布	份	10	0.5

6.6.2.2 心肺复苏基本知识及操作（2分）

6.6.2.2.1 心肺复苏基本知识及操作标准要求如下。

a）掌握心肺复苏（CPR）基本知识，能够正确对模拟人进行心肺复苏操作。

1）判定事发现场安全、配备个人防护装备后，开始施救。

2）快速判断伤员反应，确定意识状态，判断有无呼吸或呼吸异常（如仅仅为喘息），在 5 s～10 s 内完成。方法：轻拍或摇动伤员，并大声呼叫："您怎么了。"如果伤员有头颈部创伤或怀疑有颈部损伤，必要时才能移动伤员，对有脊髓损伤的伤员不要随意搬动。

3）呼救及寻求帮助。

4）将伤员放置心肺复苏体位。将伤员仰卧于坚实平面，施救队员跪于伤员肩旁。

5）判断有无动脉搏动，在 5 s～10 s 内完成。用一手的食指、中指轻置伤员喉结处，然后滑向同侧气管旁软组织处（相当于气管和胸锁乳突肌之间）触摸颈动脉搏动。

6）胸外心脏按压。①定位：队员用靠近伤员下肢手的食指、中指并拢，指尖沿其肋弓处向上滑动（定位手），中指端置于肋弓与胸骨剑突交界即切迹处，食指在其上方与中指并排。另1只手掌根紧贴于定位手食指的上方固定不动；再将定位手放开，用其掌根重叠放于已固定手的手背上，两手扣在一起，固定手的手指抬起，脱离胸壁。②姿势：队员双臂伸直，肘关节固定不动，双肩在伤员胸骨正上方，用腰部的力量垂直向下用力按压。③频率：100 次/min ~ 120 次/min。深度：成人 50 mm ~ 60 mm。下压与放松时间比为 1 : 1。

7）畅通呼吸道。①仰头举颏法（或仰头举颌法）：队员1只手的小鱼际肌放置于伤员的前额，用力往下压，使其头后仰，另1只手的食指、中指放在下颌骨下方，将颏部向上抬起。②下颌前移法（托颌法）：队员位于伤员头侧，双肘支持在伤员仰卧平面上，双手紧推双下颌角，下颌前移，拇指牵引下唇，使口微张。

8）开放气道时还应查看口腔内有无异物，若有异物，吹气前应先清除异物。

9）如果最初有颈动脉搏动而无呼吸或经 CPR 急救后出现颈动脉搏动而仍无呼吸，则应开始进行人工呼吸，人工呼吸的频率应为 10 次/min ~ 12 次/min（不包括初始 2 次吹气）。

b）单人心肺复苏要求如下。

1）由同一个队员顺次轮番完成胸外心脏按压和口对口人工呼吸。

2）队员测定伤员无脉搏，立即进行胸外心脏按压 30 次，频率 100 次/min ~ 120 次/min，然后俯身打开气道，进行 2 次连续吹气，再迅速回到伤员胸侧，重新确定按压部位，再做 30 次胸外心脏按压，如此循环操作。

3）进行 5 次循环（2 min 左右）后，再次检查脉搏、呼吸（要求在 5 s ~ 10 s 内完成）。若无脉搏呼吸，再进行 5 次循环，如此重复操作。

c）双人心肺复苏要求如下。

1）由两名队员分别进行胸外心脏按压和口对口人工呼吸。

2）其中 1 人位于伤员头侧，1 人位于胸侧。按压频率仍为 100 次/min～120 次/min，按压与人工呼吸的比值仍为 30∶2，即 30 次胸外心脏按压给以 2 次人工呼吸。

3）位于伤员头侧的队员承担监测脉搏和呼吸，以确定复苏的效果。5 个周期按压和吹气循环后，若仍无脉搏呼吸，两名施救者进行位置交换。

6.6.2.2.2　心肺复苏基本知识及操作评分办法如下。

a）心肺复苏基本知识回答不正确，1 处扣 0.4 分。

b）未检查现场安全，扣 0.4 分。

c）未佩戴防护用品，扣 0.4 分。

d）未呼救及寻求帮助，扣 0.4 分。

e）伤员心肺复苏体位不正确，扣 0.4 分。

f）未对伤员进行脉搏判断，或判断方法不正确，扣 0.4 分。

g）未开放伤员呼吸道或开放方式不正确，扣 0.4 分。

h）未检查伤员口中异物，或清理异物方式不正确，扣 0.4 分。

i）未判断伤员有无呼吸或判断不正确，扣 0.4 分。

j）胸外按压的位置、幅度及按压方法不正确，扣 0.4 分。

k）胸外按压的次数、频率不正确，扣 0.4 分。

l）人工呼吸的吹气幅度、吹气频率不正确，扣 0.4 分。

m）伤员昏迷体位放置不正确，扣 0.4 分。

6.6.2.3　伤员急救包扎转运模拟训练（2 分）

6.6.2.3.1　伤员急救包扎转运模拟训练标准要求

掌握现场急救基本常识，能够对伤员受何种伤害、伤害部位、伤害程度进行正确的分析判断，并熟练掌握各种现场急救方法和处理技术。主要内容包括：能正确对伤员进行伤情检查和诊断，掌握止血、包扎、骨折固定以及伤员搬运等现场急救处理技术。由 3 人组成 1 个医疗急救小组，对指定的伤情进行处置，处置在 20 min 内完成。

a）检查事故现场，确保自身安全。施救前佩用个人防护装备。

b）初步评估伤员。如果伤员无反应，应进行心肺复苏（仅告知检查组，不进行具体操作）；如果有大出血，应同时控制大出血。

c）处理大出血。发现大出血应立即处置：用厚敷料直接压迫伤口，同时按压伤口外近心端的动脉止血点，并抬高伤肢，然后再用绷带加压包扎伤口。根据检查组提示，必要时在相应肢体近心端绑扎止血带。

d）详细评估伤员。检查头部（头皮、头发里伤口）—面部—颈部—胸部—腹部—腰部—骨盆—生殖器（检查生殖器区明显的外伤）—下肢（检查下肢是否瘫痪，询问伤员让其活动肢体，触摸伤员双足询问有无感觉）—上肢（检查上肢是否瘫痪，询问伤员让其活动肢体并与伤员握手检查其握力，触摸伤员双手询问有无感觉）—翻身检查背部（当检查后背伤时，3 人同处一侧要统一口令，遵从 1 人指挥；1 人位于伤员肩膀一侧，1 人位于伤员臀部一侧，1 人位于伤员膝盖一侧，同时轻轻翻转伤员）。检查伤员背部翻身后应检查伤员头枕部、颈后及脊柱区、肩胛区和臀部。最后检查手腕或颈部的标牌。

e）抗休克处理。轻轻松开伤员颈部，胸部及腰部过紧衣物（扣子、拉链、腰带等），保证伤员呼吸和血液循环更畅通。对无头颈或胸部伤的休克伤员一般采取头低脚高位，应将脚端垫高，以促进血液供应重要脏器；对有头颈伤或胸部伤的伤员，若无休克表现应垫高头端，若有休克表现则应保持平卧位。尽量保持伤员体温，盖保温毯。保持伤员情绪稳定，安抚伤员。

f）处理创伤。处理顺序：先处理烧烫伤，再处理创伤，最后处理骨折。用消毒纱布或敷料包扎伤口，烧烫伤应注意纱布是否需要湿润，注意手指间、足趾间及耳背等处必要的隔离，扭挫伤应冷敷或抬高伤肢，胸部穿透伤应封闭伤口，注意绷带的使用及正确使用三角吊带。

g）处理骨折的方法如下。

1）对于扭伤、拉伤急救，应抬高受伤部位，使肢体处于放松状态。用冰袋减轻肿胀疼痛感，（使用冰袋时不能直接接触皮肤，把冰袋裹上毛巾或其他软布）。如扭伤部位在踝部，用绷带"8"字包扎踝关节。

2）若受伤肢体有严重的肿胀并有青紫瘀斑，则应怀疑骨折需按骨折对待。

3）处置颈椎损伤，应采用合适颈托；骨盆骨折用带状三角巾包扎固定；四肢骨折用夹板固定。

4）如怀疑头颅骨折，除包扎头部伤口外，还应抬高头端。

5）对于四肢骨折（除有肿胀、青紫瘀斑外还有伤肢的畸形和反常活动），夹板固定前均应专人用手固定骨折处两端保持肢体不动。

6）四肢骨折如为开放性骨折，应先包扎伤口，用敷料、纱布、绷带（最少包扎两圈）或带状三角巾包扎（如有动脉出血应先止血），然后再用夹板固定。

7）如为脊柱骨折，应3人共同将伤员用平托法或滚身法抬上背夹板，若存在颈椎伤，则需专人扶伤员头部（或抬人前佩戴颈托）。

h）转运伤员的方法如下。

1）检查担架可靠性，1名队员俯卧担架上，两臂自然下垂，两名队员抬起担架测试。

2）3人搬动伤员时，均应位于伤员受轻伤的一侧，单膝着地，1人位于伤员肩膀一侧抬伤员头颈部和肩膀（若有颈椎损伤，应有专人扶伤员头部固定颈椎或提前佩戴颈托），1人位于伤员臀部一侧抬伤员臀部和背部，1名位于伤员膝盖一侧抬伤员膝盖和踝。统一遵从1人指挥，按照口令慢慢抬起，动作协调一致，发出口令同时轻轻移动到担架上，盖好保温毯。

3）可自行活动的伤员不需担架；休克或不能行走的伤员均应抬上担架，上肢有伤或昏迷伤员应悬吊固定上肢。

4）搬运顺序为先运送重伤员，再运送轻伤员。

6.6.2.3.2 伤员急救包扎转运模拟训练评分办法

伤员急救包扎转运模拟训练评分办法如下。

a）操作队员和伤员不按要求着装或佩戴装备，每少1件扣0.4分。

b）超过时间扣0.4分。

c）未检查现场安全，伤员矿工帽、矿灯、高筒胶鞋未脱下，每处扣0.4分。

d）对伤员未评估，评估程序不正确，扣0.4分。

e）如果需要心肺复苏，告知检查组，未告知扣0.4分。

f）按压动脉止血点位置错误，扣0.4分。

g）止血带未扎紧或自动松开，衬垫位置放错，未作止血标记，扣0.4分。

h）伤口未放无菌纱布或敷料，绷带未完全包住敷料，绷带打结方法错误，每处扣0.4分。

i）抗休克处理不正确或未进行，扣0.4分。

j）创伤处理顺序不正确，或处理方式不正确，扣0.4分。

k）对骨折处理不正确，扣0.4分。

l）夹板使用不当，夹板和衬垫放错位置或未加衬垫，每处扣0.4分。

m）固定骨折时绷带绑扎位置错误，应用绷带数量不足，每处扣0.4分。

n）需要时，没有应用三角吊带，或三角吊带使用错误，扣0.4分。

o）未给伤员盖保温毯，扣0.4分。

p）搬运伤员方法、顺序错误，扣0.4分/次。

6.7 技术操作（13分）

6.7.1 考核方法及要求

技术操作考核方法及要求如下。

a）考核时以小队为单位，随机确定2个及以上小项进行考核。小队进行全部6个小项考核时，按逐小项检查扣分方式计算；未进行全部6个小项考核时，按抽小项检查扣分方式计算。小队扣分为中队技术操作扣分。

b）所有技术操作项目佩用氧气呼吸器，正确使用音响信号；暂不使用的装备、工具可放置在基地，工作结束后带回。

c）在灾区工作时，氧气呼吸器发生故障应立即处理。当处理不了时，全小队退出灾区，处理后再进入灾区。操作中出现工伤事故，不能坚持工作时，全小队退出灾区，安置伤员后，再进入灾区继续操作；少于 6 人时，不应继续操作。

d）挂风障、建造木板密闭墙、建造砖密闭墙、架木棚（均在断面为 4 m² 的不燃性梯形巷道内进行）、安装局部通风机和接风筒、安装高倍数泡沫灭火机等项目连续操作，每项之间允许休息时间不应超过 10 min。

6.7.2 考核项目

6.7.2.1 挂风障（2 分）

6.7.2.1.1 挂风障标准要求如下。

a）用 4 根方木架设带底梁的梯形框架，在框架中间用方木打一立柱。架腿、立柱应坐在底梁上。中柱上下垂直，边柱紧靠两帮。

b）风障四周用压条压严，钉在骨架上。中间立柱处，竖压 1 根压条，每根压条不少于 3 个钉子，压条两端与钉子间距不应大于 100 mm。同一根压条上的钉子分布均匀（相差不应超过 150 mm）。

c）同一根压条上的钉子分布大致均匀，底压条上相邻两钉的间距不小于 1000 mm，其余各根压条上相邻两钉的间距不小于 500 mm。钉子应全部钉入骨架内，跑钉、弯钉允许补钉。

d）结构牢固，四周严密。

e）4 min 完成。

6.7.2.1.2 挂风障评分办法如下。

a）不按规定结构操作扣 0.5 分。

b）少 1 根立柱或结构不牢，该项无分（用 1 只手推，不能用力冲击）。

c）每少 1 根压条扣 0.5 分。

d）每少 1 个钉子、钉子未钉在骨架上、钉帽未接触到压板，每处扣 0.5 分。

e）钉子距压条端大于 100 mm，每处扣 0.3 分。

f）压条搭接或压条接头处间隙大于 50 mm，每处扣 0.3 分。

g）中柱与两边柱的边距差 50 mm，中柱上下垂度超过 50 mm、边柱与帮缝大于 20 mm、长度大于 300 mm，障面孔隙大于 2000 mm²，每处扣 0.3 分（从压条距顶、帮、底的空隙宽度大于 20 mm 处始量长度，计算面积）。

h）障面不平整，折叠宽度大于 15 mm，每处扣 0.3 分。

i）同一根压条上，相邻两个钉子的间距不符合要求，每处扣 0.3 分。

j）超过时间扣 0.5 分。

k）未佩用氧气呼吸器、呼吸器故障、工伤、退出灾区不能完成任务，出现任一情况该项不得分；音响信号使用不正确，每次扣 0.3 分，丢失工具 1 件扣 0.3 分；与前项间隔的休息时间超时扣 0.5 分。

6.7.2.2　建造木板密闭墙（2 分）

6.7.2.2.1　建造木板密闭墙标准要求如下。

a）骨架结构要求如下。

1）先用 3 根方木设一梯形框架，再用 1 根方木，紧靠巷道底板，钉在框架两腿上。

2）在框架顶梁和紧靠底板的横木上钉上 4 根立柱，立柱排列应均匀，间距在 380 mm ~ 460 mm 之间（中对中测量，量上不量下）。

b）钉板要求如下。

1）木板采用搭接方式，下板压上板，压接长度不少于 20 mm，两帮镶小板，在最上面的大板上钉托泥板。

2）每块大板不少于 8 个钉子（可一钉两用），钉子应穿过 2 块大板钉在立柱上。每块小板不少于 1 个钉子，每个钉子要穿透 2 块小板钉在大板上。钉子应钉实，不可以空钉。

3）小板不准横纹钉，不可以钉劈（通缝为劈），压接长度不少于 20 mm。

4）托泥板宽度为 30 mm ~ 60 mm，与顶板间距为 30 mm ~ 50 mm，两头距小板间距不大于 50 mm，托泥板不少于 3 个钉子，两头钉子距板头不大于 100 mm，钉子分布均匀。

5）大板要平直，以巷道为准，大板两端距顶板距离差不大于 50 mm。

6）板闭四周严密，缝隙宽度不应超过 5 mm、长度不应超过 200 mm。

7）结构牢固。

c）10 min 完成。

6.7.2.2.2 建造木板密闭墙评分办法如下。

a）骨架不牢、缺立柱、缺大板，边柱松动（用一手推拉边柱移位）、边柱与顶梁搭接面小于 1/2，立柱断裂未采取补救措施的，该项无分。

b）立柱排列不均匀（间距不在 380 mm ~ 460 mm 之间），扣 1 分。

c）大板压茬小于 20 mm，大板水平超过 50 mm，每处扣 0.3 分。

d）缺小板、小板横纹钉、小板钉劈、小板压茬小于 20 mm，每处扣 0.3 分。

e）大板钉子未钉在立柱上，小板未坐在大板上，少钉 1 个钉子、空钉或弯钉（可以补钉）、钉子未钉在大板上，钉帽与板面未接实（以钉帽与板之间能放进起钉器为准），每处扣 0.5 分。

f）未钉托泥板，扣 0.5 分。

g）托泥板与顶板或小板的间距、两头钉子与板头的间距超过规定、均匀误差大于 100 mm，每处各扣 0.3 分，少 1 个钉子扣 0.5 分。

h）板闭四周缝隙宽度超过 5 mm，且长度超过 200 mm，每处扣 0.3 分。

i）超过时间扣 0.5 分。

j）未佩用氧气呼吸器、呼吸器故障、工伤、退出灾区不能完成任务，出现任一情况该项不得分；音响信号使用不正确，每次扣0.3分，丢失工具1件扣0.3分；与前项间隔的休息时间超时扣0.5分。

6.7.2.3 建造砖密闭墙（3分）

6.7.2.3.1 建造砖密闭墙标准要求如下。

a）密闭墙牢固、墙面平整、浆饱、不漏风，不透光，结构合理，接顶充实，30 min 完成。

b）墙厚370 mm 左右，结构为（砖）一横一竖，不准事先把地找平。按普通密闭施工，可不设放水沟和管孔。

c）前倾、后仰不大于100 mm（从最上一层砖两端的三分之一处挂2条垂线，分别测量2条垂线上最上及最下一层砖至垂线的距离，存在距离差即为前倾、后仰）。

d）砖墙完成后，除两帮和顶可抹不大于100 mm 宽的泥浆外，墙面应整洁，砖缝线条应清晰，符合要求。

6.7.2.3.2 建造砖密闭墙评分办法如下。

a）墙体不牢（用1只手推晃动、位移）；结构不合理（不按一横一竖施工或竖砖使用大半头）；墙面透光；接顶不实（接顶宽度少于墙厚的2/3，连续长度达到120 mm）；使用可燃性材料接顶；封顶前墙面内侧仍有人员。出现以上任一情况，该项无分。

b）墙面平整以砖墙最上和最下两层砖所构成的平面为基准面，墙面任何砖块凹凸，超过基准面的正负20 mm，每处扣0.3分。检查方法：分别连接上宽、下宽各三分之一处，形成2条线，在2条线上每层砖各查1次。

c）前倾、后仰大于100 mm 扣1分。

d）砖缝应符合要求。每有1处大缝、窄缝、对缝各扣0.3分，墙面泥浆抹面扣0.5分。

e）超过时间扣0.5分。

f）未佩用氧气呼吸器、呼吸器故障、工伤、退出灾区不能完成任务，出现任一情况该项不得分；音响信号使用不正确，每次扣0.3分，丢失工具1件扣0.3分；与前项间隔的休息时间超时扣0.5分。

注1：砖缝大于15 mm为大缝（水平缝连续长度达到120 mm为1处，竖缝达到50 mm为1处）。

注2：砖缝小于3 mm为窄缝（水平缝连续长度达到120 mm为1处，竖缝达到50 mm为1处）。

注3：上下砖的缝距小于20 mm为对缝。

注4：紧靠两帮的砖缝不能大于30 mm（高度达到50 mm），否则，按大缝计。

注5：接顶处不足一砖厚时，可用碎石砖瓦等非燃性材料填实，间隙宽度大于30 mm，高度大于30 mm时为大缝；若该大缝的水平长度大于120 mm时为接顶不实。

6.7.2.4　架木棚（3分）

6.7.2.4.1　架木棚标准要求如下。

a）结构牢固、亲口严密，无明显歪扭，叉角适当。

b）棚距800 mm～1000 mm，两边棚距（以腰线位置量）相差不超过50 mm，一架棚高，一架棚低或同一架棚的一端高一端低，相差均不应超过50 mm，6块背板（两帮和棚顶各2块），楔子准备16块。

c）棚腿应做"马蹄"状。

d）棚腿窝深度不少于200 mm，工作完成之后，应埋好与地面平，棚子前倾后仰不超过100 mm。

e）棚腿大头向上，亲口间隙不应超过4 mm，后穷间隙不应超过15 mm，梁腿亲口不准砍，不准砸。

f）棚子叉角范围为180 mm～250 mm（从亲口处作一垂线1 m处到棚腿的水平距离），同一架棚两叉角相差不应超过30 mm，梁亲口深度不少于50 mm，腿亲口深度不少于40 mm，梁刷头应盖满柱顶（如腿径小于梁子直径，则两者中心应在1条直线上）。

g）棚梁的2块背板压在梁头上，从梁头到背板外边缘距离不大于200 mm，两帮各两块背板，从柱顶到第1块背板上边缘的距离应大于400 mm、小于600 mm，从巷道底板到第2块背板下边缘的距离，应大于 400 mm、小于 600 mm。

h）1 块背板打 2 块楔子，楔子使用位置正确，不松动，不准同点打双楔。

i）30 min 完成。

6.7.2.4.2 架木棚评分方法如下。

a）结构不牢（用 1 只手推动位移），该项无分。

b）亲口间隙超过 4 mm（用宽 20 mm、厚 5 mm 的钢板插入 10 mm 为准），梁头与柱间隙（后穷）超过 15 mm（用宽 20 mm、厚 16 mm 的方木插入 10 mm 为准）均为亲口不严，每发现 1 处扣 0.3 分。

c）叉角不在 180 mm ~ 250 mm 范围，同一架棚两叉角直差超过 30 mm，每处扣 0.3 分。

d）砍砸棚梁或棚腿接口，少 1 个楔子，楔子松动，楔子使用位置不正确，同点打双楔，每处扣 0.5 分。

e）棚腿大腿朝下，背板少 1 块，每处扣 0.5 分。

f）棚距不在 800 mm ~ 1000 mm 范围内（以两腿中心测量），扣 0.5 分。两帮棚距相差超过 50 mm 扣 0.5 分，木棚一架高一架低超过 50 mm，每处扣 0.5 分。

g）棚腿未作"马蹄"状，每个扣 0.5 分，杜窝未埋出地面，每处扣 0.5 分。

h）背板位置不正确，每处扣 0.3 分。

i）棚子明显歪扭（以每架棚为 1 处），梁或腿歪扭差大于 50 mm，每处扣 0.3 分。棚梁或棚腿亲口深度不当，每处扣 0.3 分。

j）每架棚前倾后仰超过 100 mm，扣 0.3 分。检验方法：在两棚距地面 300 mm 处拉 1 条线，从棚梁中点向下吊 1 条线，线与水平连线的水平距离，即为前倾后仰的检测距离。

k）超过时间扣 0.5 分。

l）未佩用氧气呼吸器、呼吸器故障、工伤、退出灾区不能完成任务，出现任一情况该项不得分；音响信号使用不正确，每次扣 0.3 分，丢失工具 1 件扣 0.3 分；与前项间隔的休息时间超时扣 0.5 分。

6.7.2.5　安装局部通风机和接风筒（2 分）

6.7.2.5.1　安装局部通风机和接风筒标准要求如下。

a）安装和接线正确。

b）风筒接口严密不漏风。

c）现场做接线头，局部通风机动力线接在防爆开关上，操作人员不限，使用挡板、密封圈。

d）带风逐节连接 5 节风筒，每节长度为 10 m，直径不小于 400 mm；采用双反压边接头，吊环向上一致。

e）8 min 完成。

6.7.2.5.2　安装局部通风机和接风筒评分办法如下。

a）安装与接线不正确，每处扣 0.5 分。

b）接头漏风，每处扣 0.5 分。

c）事先做好线头，不使用挡板、密封圈，该项无分。

d）不带风连接风筒，该项无分；未逐节连接风筒，扣 0.5 分。

e）不采用双反压边接头，吊环错距大于 20 mm，每处扣 0.3 分。

f）未接地线或接错，该项无分。

g）超过时间扣 0.5 分。

h）未佩用氧气呼吸器、呼吸器故障、工伤、退出灾区不能完成任务，出现任一情况该项不得分；音响信号使用不正确，每次扣 0.3 分，丢失工具 1 件扣 0.3 分；与前项间隔的休息时间超时扣 0.5 分。

6.7.2.6　安装高倍数泡沫灭火机（1 分）

6.7.2.6.1　安装高倍数泡沫灭火机标准要求如下。

a）在安装地点备好 1 台防爆磁力启动器、3 个防爆插座开关、连好线的四通接线盒、带电源的三相闸刀（或空气开关）及水源。

b）将高泡机、潜水泵、配制好的药剂、水龙带等器材运至安装地点，进行安装。防爆四通接线盒的输入电缆要接在磁力启动器上，磁力启动器的输入电缆接在三相闸刀电源上，两处接线头应现场做。风机、潜水泵与四通接线盒之间均采用事先接好的防爆插销、插座开关连接和控制，接线、安装应符合防爆要求。

c) 安装完成后，送电开机，发泡灭火。

d) 15 min 完成。

6.7.2.6.2 安装高倍数泡沫灭火机评分办法如下。

a) 不能发泡、地线接错，接线未接完或磁力启动器盖子上的螺丝未全部上完就送电开机、接线电缆没有密封圈、风机安装颠倒，未将火扑灭，发现上述情形之一者，该项无分。

b) 接线不正确（线头绕向错误），每处扣 0.3 分。

c) 螺丝未上紧（凡用工具上的螺丝，用手能拧动为未上紧），每处扣 0.5 分。

d) 螺丝垫圈，压线金属片，每缺 1 件扣 0.3 分。

e) 发泡不满网的 2/3 扣 0.5 分。

f) BGP200 型高倍数泡沫灭火机单机运转或风机反转，各扣 1 分。

g) 超过时间扣 0.5 分。

h) 未佩用氧气呼吸器、呼吸器故障、工伤、退出灾区不能完成任务，出现任一情况该项不得分；音响信号使用不正确，每次扣 0.3 分，丢失工具 1 件扣 0.3 分；与前项间隔的休息时间超时扣 0.5 分。

6.8 综合体质（10 分）

6.8.1 综合体质考核方法：以标准建制小队为单位，每个队员随机确定 3 个（至少包含 6.8.2i)、6.8.2j)、6.8.2k) 小项中 1 个）及以上小项进行考核。单个队员进行全部 11 个小项考核时，按逐小项检查扣分方式计算；未进行全部 11 个小项考核时，按抽小项检查扣分方式计算。小队所有人员的平均扣分为中队综合体质扣分。

6.8.2 综合体质标准要求如下。

a) 引体向上（0.5 分）：正手握杠，下颌过杠，连续 8 次。

b) 举重（0.5 分）：杠铃重 30 kg，连续举 10 次。

c) 跳高（0.5 分）：1.1 m。

d) 跳远（0.5 分）：3.5 m。

e) 爬绳（0.5 分）：爬高 3.5 m。

f）哑铃（0.5分）：8 kg（2个）上、中、下各20次。

g）负重蹲起（0.5分）：负重为40 kg的杠铃，连续蹲起15次。

h）跑步（0.5分）：2 km，10 min完成。

i）激烈行动（2分）：佩用氧气呼吸器，按火灾事故携带装备，8 min行走1 km，不休息，150 s拉检力器80次。

j）耐力锻炼（2分）：佩用氧气呼吸器负重15 kg，4 h行走10 km。

k）高温浓烟训练（2分）：在演习巷道内，40 ℃的浓烟中，25 min每人拉检力器80次，并锯两块直径160 mm～180 mm的木段。

6.8.3 综合体质评分办法如下。

a）第6.8.2a）～6.8.2h）小项，1名队员不参加或达不到标准扣0.5分。

b）第6.8.2i）～6.8.2k）小项，1名队员不参加或达不到标准扣2分；查看中队平时训练记录，未按规定进行训练，扣2分。

c）小项训练器械缺损或不符合标准（检力器标准：重量20 kg，拉距为1.2 m），该小项不得分。

6.9 准军事化操练（8分）

6.9.1 风纪、礼节（2分）

6.9.1.1 风纪、礼节标准要求：全队人员统一整齐着制服，正确佩戴标志（肩章、臂章、领花、帽徽），帽子要戴端正，不得留长发、胡须，不得佩戴首饰；全体指战员做到服从命令，听从指挥。

6.9.1.2 风纪、礼节评分办法为发现1人不符合规定扣0.5分，未统一着装扣2分。

6.9.2 队容（6分）

6.9.2.1 队容考核标准要求如下。

a）队列操练由中队指挥员指挥，由不少于2个建制小队共同完成。

b）队列操练由领队指挥员在场外（指定位置）整理队伍，跑步进入场地至各项操练完毕。

c) 项目操练按照排列顺序依次进行,不能颠倒。

d) 除领取与布置任务、整理服装外,其余各单项均操练两次。

e) 行进间队列操练时,行进距离不小于 10 m(步伐变换时要求两种步伐的总行进距离不小于 10 m,纵队队形和方向变化除外)。

f) 操练完毕,领队指挥员向首长请示后,将队列成纵队跑步带出场地结束。

g) 指挥员要做到以下 4 点。

1) 指挥位置正确。

2) 姿态端正,精神振作,动作准确。

3) 口令准确、清楚、洪亮。

4) 清点人数,检查着装,严格要求,维护队列纪律。

6.9.2.2 队容考核评分办法如下。

a) 少于 2 个标准建制小队,扣 3 分。

b) 指挥员位置不正确,1 处扣 0.5 分。

c) 队列操练项目,每缺 1 项扣 1 分,各单项少做 1 次扣 0.5 分;项目之间或单项内前后顺序颠倒,每次扣 0.5 分。

d) 行进距离小于 10 m,扣 0.5 分。

6.9.2.3 队容考核内容如下。

a) 领取与布置任务标准要求及评分办法如下。

1) 领队指挥员整好队伍后,应跑步到首长处报告及领取任务,再返回向队列人员简要布置任务。

2) 报告前和领取任务后向首长行举手礼。

3) 领队指挥员在报告和向队列人员布置任务时,队列人员应成立正姿势,不许做其他动作。

4) 在各项操练过程中,不许再分项布置任务和用口令、动作提示。

5) 领队指挥员报告词:"报告!×××救护队操练队列集合完毕,请首长指示!报告人:队长×××!"首长指示词:"请操练!"接受指示后回答:"是!"行礼后返回队列前,向队列人员简要布置操练的项目。

6）指挥员在操练过程中有口令和动作提示，1次扣0.5分；队列人员每有1人次动作不正确，扣0.3分；报告词有漏项或报告词出现错误，每处扣0.3分。

b）解散标准要求及评分办法：队列人员听到口令后要迅速离开原位散开；每有1人次不按要求散开，扣0.3分。

c）集合（横队）：标准要求及评分办法如下。

1）队列人员听到集合预令，应在原地面向指挥员，成立正姿势站好。

2）听到口令应跑步按口令集合（凡在指挥员后侧人员均应从指挥员右侧绕行）。

3）每有1人次不正确，扣0.3分。

d）立正、稍息标准要求及评分办法：按动作要领分别操练，姿势正确、动作整齐一致；每有1人次做错，扣0.3分。

e）整齐（依次为整理服装、向右看齐、向左看齐、向中看齐）标准要求及评分办法：在整齐时，先整理服装一次（整理队帽、衣领、上口袋盖、军用腰带、下口袋盖）。每有1人次整理顺序错误或看齐动作与口令不符，扣0.3分。

f）报数标准要求及评分办法：报数时要准确、短促、洪亮、转头（最后一名不转头）；每有1人次报数不转头或报错数，扣0.3分。

g）停止间转法（依次为向右转、向左转、向后转、半面向右转、半面向左转）标准要求及评分办法：动作准确，整齐一致；每有1人次转错，扣0.3分。

h）齐步走、正步走、跑步走（均为横队）标准要求及评分办法：队列排面整齐，步伐一致；每有1人次走（跑）错，扣0.3分。

i）立定标准要求及评分办法：在齐步走、正步走和跑步走分别作立定动作时进行检查考核，要整齐一致；每有1人次做错，扣0.3分。

j) 步伐变换（依次为齐步变跑步、跑步变齐步、齐步变正步、正步变齐步）标准要求及评分办法：按要领操练，排面整齐、步伐一致；每有1人次做错，扣0.3分。

k) 行进间转法（均在齐步走时向左转走、向右转走、向后转走）标准要求及评分办法：队列排面整齐，步伐一致；每有1人次转（走）错，扣0.3分。

l) 纵队方向变换（停止间左转弯齐步走、右转弯齐步走，行进间右转弯走、左转弯走）标准要求及评分办法：排面整齐，步伐一致；每有1人次单列行进、步伐错误，扣0.3分。

m) 队列敬礼（停止间）标准要求及评分办法：排面整齐，动作一致；每有1人次做错，扣0.3分。

n) 操练结束标准要求及评分办法：领队指挥员报告词："报告！×××救护队队列操练完毕，请首长指示！报告人：队长×××！"首长指示词："请带回！"接受指示后回答："是！"行礼后返回队列前，将队列成纵队跑步带出场地。报告词有漏项或报告词出现错误，每处扣0.3分。

队列操练场地布置见图1。

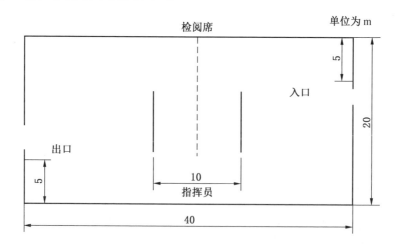

图1 队列操练场地布置图

6.10　日常管理（10 分）

6.10.1　值班室管理

6.10.1.1　值班室管理标准要求：电话值班室应装备录音电话机、报警装置、计时钟、接警记录簿、交接班记录簿、救护队伍部署图、服务区域矿山分布图、作息时间表和工作日程图表。

6.10.1.2　值班室管理评分办法：每缺 1 种扣 0.5 分。

6.10.2　规章制度

6.10.2.1　规章制度标准要求：制定并落实中队指挥员值班、小队值班和待机、会议、学习和训练、氧气充填室管理、装备维护保养与管理、战备器材库管理、车辆使用及库房管理、事故救援总结讲评、评比检查、预防性安全检查、内务管理、考勤和奖惩等工作制度。

独立中队除制定并落实上述制度外，还应制定并落实技术服务管理、财务管理、档案管理等工作制度。

6.10.2.2　规章制度评分办法：制度缺 1 项扣 1 分，1 项制度未落实扣 0.5 分。

6.10.3　任务管理

6.10.3.1　任务管理标准要求：按照大队（独立中队）年度、季度和月度工作计划，制定各项工作任务分解表，明确责任分工、细化落实措施，并严格对照落实。

6.10.3.2　任务管理评分办法：未制定年度、季度和月度工作任务分解表各扣 1 分，未落实 1 项扣 0.5 分。

6.10.4　记录管理

6.10.4.1　记录管理标准要求：建立工作日志（包含会议、学习）、值班与交接班、训练（包含体能、技能、模拟演习等）、装备维护保养、评比检查（含标准化自评）、预防性安全检查、事故接警、事故救援、考勤和奖惩等记录，并保存 1 年及以上；工作日志由值班指挥员填写，其他记录按岗位责任制的要求填写。

独立中队除建立上述各项记录外，还应建立培训、装备及设施更新、技术服务等记录，并保存1年及以上。保存人员信息、装备与设施、培训与训练、事故救援总结和工作文件等档案资料，保存3年及以上。

6.10.4.2 记录管理评分办法：缺1项记录或档案资料扣1分，记录不完整1项扣0.5分。

6.10.5 各类检查

6.10.5.1 各类检查标准要求：按计划到服务矿井进行熟悉巷道和预防性安全检查，绘出检查路线及通风系统示意图；每季度组织1次标准化自评。

6.10.5.2 各类检查评分办法：未按计划开展预防性安全检查扣1分，未绘制示意图扣0.5分；查看一整年的标准化自评资料，少开展1次扣1分。

6.10.6 内务管理

6.10.6.1 内务管理标准要求：室外环境舒适、整洁和畅通，室内保持干净、整齐、简便，宿舍、值班室物品悬挂一条线、床上卧具叠放一条线、洗刷用品摆放一条线。

6.10.6.2 内务管理评分办法：发现1项（处）不符合要求扣1分。

6.10.7 独立中队管理

独立中队除执行上述管理规定外，还应执行以下规定。

a）准军事化管理标准要求及评分办法如下。

1）统一着装，佩戴矿山救援标志。

2）日常办公、值班、理论和业务知识学习、准军事化操练等工作期间，着制服。

3）技术操作、仪器操作、入井准备、医疗急救、模拟演习等训练期间，着防护服。

4）未统一着装扣1分，未按规定配备服装扣1分。

b）牌板管理标准要求及评分办法如下。

1）悬挂组织机构牌板、接警记录牌板和评比检查牌板。

2）缺 1 种扣 1 分。

c）劳动保障标准要求及评分办法如下。

1）指战员应享受矿山采掘一线作业人员的岗位工资、入井津贴和夜班补助等待遇。

2）佩用氧气呼吸器工作，应享受特殊津贴；在高温、烟雾和冒落的恶劣环境中佩用氧气呼吸器工作的，特殊津贴增加一倍。

3）所在单位除了执行医疗、养老、失业和工伤等职工保险各项制度外，还应为指战员购买人身意外伤害保险。

4）体检指标不适应岗位要求的，或者年龄达到规定上限但未达到退休年龄的，所在单位应另行安排适当工作。

5）上述 4 项要求，未达到 1 项扣 1 分。

附件二 大队标准化考核评分表

大队标准化考核评分表

被检单位：

检查单位：

评定等级：

评定时间：

应急管理部矿山救援中心编制

表1 大队标准化考核项目评分汇总表

序号	项目	评定等级 标准分	扣分	得分	总分
1	组织机构	8			
2	技术装备与设施	10			
3	业务培训	6			
4	综合管理	6			
5	所属中队	70			
考核人员签字					

表2 大队标准化考核等级评级要求

级别	前置条件	评判办法	存在问题	结论
一级	总分90分及以上，且具备以下条件。 1）大队建制且建队10年及以上，考核前3年内无救援违规造成自身死亡事故。 2）大队由不少于3个中队组成，所属中队由不少于3个小队组成。小队由不少于9名矿山救护指战员（以下简称指战员）组成。 3）大队、大队所属中队、小队和个人的装备与设施得分分别不低于相应项目标准分的90%。 4）具有模拟高温浓烟环境的演习巷道、面积不少于500 m²的室内训练场馆、面积不少于2000 m²的室外训练场地。 5）大队、大队所属各中队矿山救护指挥员（以下简称指挥员）及其小队实行24 h值班	1项达不到，不能评定为一级		

表 2（续）

级别	前 置 条 件	评判办法	存在问题	结论
二级	总分 80 分及以上，且具备以下条件。 1）建队 5 年及以上，考核前 2 年内无救援违规造成自身死亡事故。 2）大队由不少于 2 个中队组成，所属中队由不少于 3 个小队组成；独立中队由不少于 4 个小队组成。大队和独立中队所属小队由不少于 9 名指战员组成。 3）大队、独立中队、大队所属中队、小队和个人的装备与设施得分分别不低于相应项目标准分的 80%。 4）具有模拟高温浓烟环境的演习巷道、面积不少于 300 m² 的室内训练场馆、面积不少于 1200 m² 的室外训练场地。 5）大队、独立中队、大队所属中队指挥员及其小队实行 24 h 值班	1 项达不到，不能评定为二级		
三级	总分 60 分及以上，且具备以下条件。 1）建队 1 年及以上。 2）大队由不少于 2 个中队组成，所属中队由不少于 3 个小队组成；独立中队由不少于 3 个小队组成。大队和独立中队所属小队由不少于 9 名指战员组成。 3）大队、独立中队、大队所属中队、小队和个人的装备与设施得分分别不低于相应项目标准分的 60%。 4）具有演习巷道、室内训练场馆、面积不少于 800 m² 的室外训练场地。 5）大队、独立中队、大队所属中队指挥员及其小队实行 24 h 值班	1 项达不到，不能评定为三级		

表3　大队标准化考核组织机构项目评分表

项目	标　准　要　求	评分办法	扣分	扣分原因	得分
组织机构（8分）	大队设大队长1人，副大队长2人，总工程师1人，副总工程师1人。大队指挥员人数不应少于5人	大队指挥员少1人扣3分			
	大队指挥员应熟悉矿山救援业务，具有相应矿山专业知识，熟练佩用氧气呼吸器，从事矿山生产、安全、技术管理工作5年及以上和矿山救援工作3年及以上，并经国家矿山救援培训机构培训取得合格证	未达到该项规定，1人次扣1分			
	大队指挥员应具有大专及以上学历，总工程师应具有中级及以上技术职称	未达到该项规定，1人次扣1分			
	大队指挥员年龄不超过55岁	未达到该项规定，1人次扣1分			
	大队指挥员每年进行1次体检，体检指标应符合岗位要求	未达到该项规定，1人次扣1分			
	大队业务科室应具备战训、培训、装备管理及综合办公等职能，设置不少于2个，每科室专职人员不少于3人。战训工作人员应从事矿山救援工作3年及以上，并经省级及以上矿山救援培训机构培训取得合格证	业务科室少1个扣2分，专职人员未达到规定1人次扣1分			

表4　大队标准化考核技术装备与设施项目评分表

项目	类别	装备名称	要求及说明	单位	要求数量	扣分标准	扣分	扣分原因	得分
技术装备与设施（10分）	车辆	指挥车	—	辆	2	2			
		气体化验车	安装气体分析仪器，配有打印机和电源	辆	1	1			
		装备车	—	辆	1	1			
	通信器材	视频指挥系统	双向可视、可通话	套	1	1			
		录音电话	值班室配备	部	1	0.5			
		对讲机	—	部	6	0.5			
	灭火器材	高倍数泡沫灭火机	—	套	1	1			
		惰气灭火装置	N_2、CO_2 等	套	1	0.5			
		快速密闭	喷涂、充气、轻型组合均可	套	4	0.5			
	排水设备	潜水泵	流量为100 m^3/h 或200 m^3/h 及以上	台	2	0.5			
		高压软体排水管	承压4.5 MPa 及以上	m	1000	0.5			
		泥沙泵	—	台	1	1			
	检测设备	气体分析化验设备	能够分析 O_2、N_2、CO_2、CO、CH_4、C_2H_6、C_2H_4、C_2H_2、H_2 等浓度	套	1	1			
		便携式气体分析化验设备	能对矿井火灾气体进行分析化验	套	1	1			
		氢氧化钙化验设备	—	套	1	0.5			
		热成像仪	—	台	1	1			
		生命探测仪	—	套	1	1			
		氧气呼吸器校验仪	—	台	2	1.5			

表4（续）

项目	类别	装备名称	要求及说明	单位	要求数量	扣分标准	扣分	扣分原因	得分
技术装备与设施（10分）	训练设备	心理素质训练设施	高空组合、独立和地面组合、独立拓展训练器材	套	1	0.5			
		多功能体育训练器械	含跑步机、臂力器、体能综合训练器械等	套	1	0.5			
		多媒体电教设备	—	套	1	0.5			
	信息处理设备	传真机	—	台	1	0.5			
		打印机	指挥员1台/人	台		0.5			
		复印机	—	台	1	0.5			
		台式计算机	指挥员1台/人	台		0.5			
		笔记本电脑	配无线网卡	台	2	0.5			
		数码摄像机	防爆	台	1	0.5			
		数码照相机	防爆	台	1	0.5			
	工具药剂	防爆射灯	—	台	2	0.5			
		破拆、支护工具	具有剪切、扩张、破碎、切割、起重、支护等功能	套	1	1			
		氢氧化钙	—	t	0.5	0.5			
		泡沫药剂	—	t	0.5	0.5			
	设施	包括办公室、会议室、学习室、修理室、气体分析化验室、装备器材库、车库				缺少1项设施扣1分			

表5　大队标准化考核业务培训项目评分表

项目	标 准 要 求	评分办法	扣分	扣分原因	得分
业务培训 (6分)	a) 大队指挥员按规定参加复训	查阅证件，未按 a) 项规定参加复训1人扣1分；查阅原始记录和资料，b)、c)、d)、e)、f) 项有1项达不到要求扣1分			
	b) 制定大队指战员年度培训计划				
	c) 协助矿山企业对职工开展矿山救援知识的普及教育				
	d) 每年组织1次包括应急响应、应急指挥、灾区侦察、方案制定、救援实施、协同联动和突发情况应对等内容的综合性演习训练				
	e) 按规定组织对矿山救护队和兼职救护队人员进行技术培训及技能训练				
	f) 举办矿山救援新技术、新装备推广应用和典型案例专题讲座				

表6　大队标准化考核综合管理项目评分表

项目	标 准 要 求	评分办法	扣分	扣分原因	得分
综合管理 (6分)	准军事化管理标准要求：统一着装，佩戴矿山救援标志；日常办公、值班、理论和业务知识学习、准军事化操练等工作期间，着制服；技术操作、仪器操作、入井准备、医疗急救、模拟演习等训练期间，着防护服	未统一着装扣1分，未按规定配备服装扣1分			
	制度管理标准要求：制定大队指挥员及业务科室岗位责任制和各项管理制度，并严格执行。制度包括大队指挥员24 h值班、会议、学习与培训、装备及设施更新维护与管理、战备器材库管理、车辆使用及库房管理、氧气充填室管理、事故救援总结讲评、评比检查、预防性安全检查和技术服务管理、内务管理、财务管理、档案管理、考勤和奖惩等工作制度	制度缺1项扣1分，1项制度未落实扣0.5分			

表6（续）

项目	标 准 要 求	评分办法	扣分	扣分原因	得分
综合管理（6分）	计划管理标准要求：制定年度、季度和月度工作计划，内容包括队伍建设、培训与训练、装备管理、评比检查、预防性安全检查和技术服务、内务管理、财务管理和设备设施维修等。按照计划认真落实，并分别形成工作总结	缺年度、季度和月度计划或总结各扣1分，计划内容缺1项扣0.5分			
	资料管理标准要求：建立工作日志（包含会议、学习）、值班、培训、装备及设施更新维护、评比检查（含标准化自评）、预防性安全检查和技术服务、事故接警、事故救援、考勤和奖惩等记录，并保存1年及以上。工作日志由值班指挥员填写，其他记录按岗位责任制的要求填写。保存人员信息、装备与设施、培训与训练、事故救援总结和工作文件等档案资料，保存3年及以上	缺1项记录或档案资料扣1分，记录不完整1项扣0.5分			
	牌板管理标准要求：悬挂组织机构牌板、救护队伍部署图、服务区域矿山分布图、值班日程表、接警记录牌板和评比检查牌板	缺1种扣1分			
	标准化考核标准要求：每半年组织1次大队（包括全部所属中队）的标准化考核	查看上一年度的考核资料，少考核1次扣2分，少考核1个所属中队扣1分			
	劳动保障标准要求如下。 a）指战员应享受矿山采掘一线作业人员的岗位工资、入井津贴和夜班补助等待遇。 b）佩用氧气呼吸器工作，应享受特殊津贴。在高温、烟雾和冒落的恶劣环境中佩用氧气呼吸器工作的，特殊津贴增加一倍。 c）所在单位除了执行医疗、养老、失业和工伤等职工保险各项制度外，还应为指战员购买人身意外伤害保险。 d）体检指标不符合岗位要求的，或者年龄达到规定上限但未达到退休年龄的，所在单位应另行安排适当工作	a）、b）、c）、d）项，未达到要求1项扣1分			

附件三　大队所属中队和独立中队标准化考核评分表

大队所属中队和独立中队标准化考核评分表

被检单位：

检查单位：

考核得分：

独立中队评定等级：

评定时间：

应急管理部矿山救援中心编制

表1 大队所属中队和独立中队标准化考核项目评分汇总表

序号	项　目	标准分	扣分	得分	总分
1	队伍及人员	10			
2	培训与训练	7			
3	装备与设施	17			
4	业务工作	15			
5	救援准备	5			
6	医疗急救	5			
7	技术操作	13			
8	综合体质	10			
9	准军事化操练	8			
10	日常管理	10			
独立中队评定等级					
考核人员签字					

表2 独立中队标准化考核等级评级要求

级别	前　置　条　件	评判办法	存在问题	结论
二级	总分80分及以上，且具备以下条件。 1）建队5年及以上，考核前2年内无救援违规造成自身死亡事故。 2）独立中队由不少于4个小队组成。所属小队由不少于9名指战员组成。 3）独立中队、小队和个人的装备与设施得分分别不低于相应项目标准分的80%。 4）具有模拟高温浓烟环境的演习巷道、面积不少于300 m² 的室内训练场馆、面积不少于1200 m² 的室外训练场地。 5）独立中队指挥员及其小队实行24 h值班	1项达不到，不能评定为二级		
三级	总分60分及以上，且具备以下条件。 1）建队1年及以上。 2）独立中队由不少于3个小队组成。小队由不少于9名指战员组成。 3）独立中队、小队和个人的装备与设施得分分别不低于相应项目标准分的60%。 4）具有演习巷道、室内训练场馆、面积不少于800 m² 的室外训练场地。 5）独立中队指挥员及其小队实行24 h值班	1项达不到，不能评定为三级		

表3　大队所属中队和独立中队标准化考核队伍及人员项目评分表

项目	标 准 要 求	评分办法	扣分	扣分原因	得分
队伍及人员（10分）	a) 中队设中队长1人，副中队长2人，技术员1人。中队指挥员人数不应少于4人。小队设正、副小队长各1人	查阅资料和现场抽查相结合。未达到a)项规定中队指挥员人数少1人扣2分，未达到b)、c)、d)、e)项规定，1人扣1分；小队指战员超龄或40岁以下人员不足2/3的，1人扣1分；未按规定进行体检或体检指标不符合岗位要求的，1人扣1分；独立中队未设置综合科室扣2分，专职人员未达到规定1人次扣1分			
	b) 中队指挥员应熟悉矿山救援业务，具有相应矿山专业知识，熟练佩用氧气呼吸器，从事矿山生产、安全、技术管理工作5年及以上和矿山救援工作3年及以上，并按规定参加培训取得合格证				
	c) 中队指挥员应具有中专以上学历，技术员应具有初级及以上技术职称				
	d) 中队指挥员年龄不超过50岁				
	e) 中队应配备必要的管理人员、司机、仪器维修和氧气充填人员				
	f) 小队指战员年龄不超过45岁。40岁以下人员至少要保持在2/3以上				
	g) 指战员每年进行1次体检，体检指标应符合岗位要求				
	h) 独立中队除具备上述条件外，还应设具备办公、战训、培训及装备管理等职能的综合科室，专职人员不少于2人。战训工作人员应从事矿山救援工作2年及以上，并经省级及以上矿山救援培训机构培训取得合格证				

表4 大队所属中队和独立中队标准化考核培训与训练项目评分表

项目	标 准 要 求	评分办法	扣分	扣分原因	得分
培训与训练（7分）	a）新队员应通过培训，经考核合格取得合格证	查阅证件，a）项达不到要求1人扣1分，b）项达不到要求1人扣0.5分；查阅原始记录和资料，c）、d）、e）项有1项达不到要求扣1分；第f）项有1条未完成扣1分			
	b）指战员应按规定参加复训				
	c）开展包括救援技术操作、救援装备和仪器操作、体能、医疗急救、准军事化队列等内容的日常训练				
	d）中队应每季度组织1次高温浓烟训练，时间不少于3 h				
	e）以小队为单位，每月开展1次结合实战的救灾模拟演习训练，每次训练指战员佩用氧气呼吸器时间不少于3 h				
	f）独立中队除具备上述条件外，还应做到以下要求。 1）制定指战员年度培训计划。 2）协助矿山企业对职工开展矿山救援知识的普及教育。 3）每年组织1次包括应急响应、应急指挥、灾区侦察、方案制定、救援实施、协同联动和突发情况应对等内容的综合性演习训练。 4）举办矿山救援新技术、新装备推广应用和典型案例专题讲座				

表5 大队所属中队和独立中队标准化考核装备与设施项目评分汇总表

项目	子 项	标准分	扣分	得分
装备与设施（17分）	救援装备	8		
	技术装备的维护保养	5		
	设施	4		

表 6 救 援 装 备 配 备 评 分 表

项目	子项	类别		装备名称	要 求 及 说 明	单位	要求数量		扣分标准	扣分	扣分原因
							大队所属中队	独立中队			
装备与设施（17分）	救援装备（8分）	大队所属中队和独立中队	运输	矿山救护车	每小队1辆，越野性能好	辆	≥3	≥3	2		
				值班电话	—	部	1	1	1		
				灾区电话	使用无线灾区电话的配备	套	2	2	1		
				引路线		m	1000	1000	0.5		
				指挥车		辆	—	1	2		
			通信	气体化验车	安装气体分析仪器，配有打印机和电源	辆	—	1	1		
				装备车		辆	—	1	1		
		独立中队		录音电话	值班室配备	部	—	1	0.5		
				对讲机		部	4	4	0.5		
		基本装备配备	排水设备	潜水泵	流量为100 m³/h或200 m³/h及以上	台	—	1	1		
				高压软体排水管	承压4.5 MPa以上	m	—	300	1		
			信息处理设备	传真机	—	台	1	1	0.5		
				打印机		台	1	4	0.5		
				复印机	—	台	1	1	0.5		
				台式计算机	—	台	4	4	0.5		

表 6（续）

项目	子项	类别	装备名称	要求及说明	单位	要求数量 大队所属中队	要求数量 独立中队	扣分标准	扣分	扣分原因
装备与设施（17分）	救援装备（8分）	信息处理设备	笔记本电脑	配无线网卡	台	1	1	0.5		
			数码摄像机	防爆	台	—	1	0.5		
			数码照相机	防爆	台	—	1	0.5		
		个体防护	4 h 氧气呼吸器	正压，全面罩	台	6	6	2		
			2 h 氧气呼吸器	—	台	6	6	1		
		大队所属中队和独立中队基本装备配备	自动苏生器	—	台	2	2	1		
			自救器	压缩氧	台	10	10	1		
		灭火装备	高倍数泡沫灭火机	喷涂、充气、轻型组合均可	套	—	2	0.5		
			干粉灭火器	8 kg	套	1	1	1		
			风障	≥4 m×4 m，棉质	台	20	20	0.5		
			水枪	开花、直流各 2 个	块	2	2	0.5		
			水龙带	直径 63.5 mm 或 51.0 mm	支	4	4	0.5		
					m	400	400	0.5		
		检测仪器	氢氧化钙化验设备	—	套	—	1	0.5		
			热成像仪	—	台	—	1	1		
			氧气呼吸器校验仪	—	台	2	2	1		
			便携式气体分析化验设备	能对矿山火灾气体进行分析化验	套	1	1	1		

表 6 (续)

项目	子项	类别		装备名称	要求及说明	单位	要求数量		扣分标准	扣分	扣分原因
							大队所属中队	独立中队			
装备与设施(17分)	救援装备(8分)	大队所属中队和独立中队基本装备配备	检测仪器	氧气便携仪	数字显示,带报警功能	台	2	2	0.5		
				红外线测温仪	—	台	1	1	0.5		
				红外线测距仪	—	台	1	1	0.5		
				多参数气体检测仪	能够检测到 CH_4、CO、O_2 等三种以上气体	台	1	1	0.5		
				瓦斯检定器	10%、100%库存各 2 台(金属非金属矿山救护队可以不配备)	台	4	4	0.5		
				多种气体检定器	CO、CO_2、O_2、H_2S、NO_2、SO_2、NH_3、H_2 检定管各 30 支	台	2	2	0.5		
				风表	满足中、低速风速测量	块	4	4	0.5		
				秒表	—	支	2	2	0.5		
				干湿温度计	—	支	10	10	0.5		
				温度计	0 ℃ ~100 ℃	套	1	1	1		
			工具备品	破拆、支护工具	具有剪切、扩张、破碎、切割、起重、支护等功能	台	—	1	0.5		
				防爆射灯	—	套	2	2	1		
				防爆工具	锤、斧、镐、钎、起钉器等	台	2	2	2		
				氧气充填泵	氧气充填室配备						

表 6（续）

项目	子项	类别		装备名称	要　求　及　说　明	单位	要求数量		扣分标准	扣分	扣分原因
							大队所属中队	独立中队			
装备与设施（17分）	救援装备（8分）	大队所属中队和独立中队基本装备配备	工具备品	氧气瓶	40 L	个	8	8	0.5		
				氧气瓶	4 h 氧气呼吸器每台备用 1 个	个	—	—	0.5		
				氧气瓶	2 h 氧气呼吸器、自动苏生器每台备用 1 个	个	—	—	0.5		
				救生索	长 30 m，抗拉强度 3000 kg	条	1	1	0.5		
				担架	含 2 副负压多功能担架、防静电	副	4	4	0.5		
				保温毯	棉质	条	4	4	0.5		
				快速接管工具	—	套	2	2	0.5		
				绝缘手套	—	副	3	3	0.5		
				电工工具	—	套	2	2	0.5		
				冰箱或冰柜	—	台	1	1	0.5		
				瓦工工具	—	套	2	2	0.5		
				灾区指路器	或冷光管	支	10	10	0.5		
				救援三脚架	—	支	1	1	0.5		
		训练设备		体能综合训练器械	—	套	1	1	0.5		
		药剂		泡沫药剂	—	t	0.5	0.5	0.5		
				氢氧化钙	—	t	0.5	0.5	0.5		

表6（续）

项目	子项	类别	装备名称	要求及说明	单位	要求数量		扣分标准	扣分	扣分原因
						大队所属中队	独立中队			
装备与设施（17分）	救援装备（8分）	矿山救护小队基本装备配备 — 通信器材	灾区电话	—	套	1	1			
			引路线	使用无线灾区电话的配备	m	1000	0.5			
		个人防护	矿灯	备用	盏	2	0.5			
			4 h 氧气呼吸器	正压、全面罩	台	1	2			
			2 h 氧气呼吸器	—	台	1	2			
			自动苏生器	—	台	1	1			
		灭火装备	灭火器	干粉 8 kg	台	2	0.5			
			风障	≥4 m×4 m，棉质	块	1	0.5			
			帆布水桶	棉质	个	2	0.5			
		检测仪器	氧气呼吸器校验仪	—	台	1	1			
			瓦斯检定器	10%、100%各 1 台	台	2	0.5			
			多种气体检定器	筒式(CO、O₂、H₂S、H₂检定管各 30 支)	台	1	0.5			
			氧气检定器	便携式数字显示、带报警功能	台	1	0.5			
			多参数数字气体检测仪	检测 CH₄、CO、O₂ 等	台	1	0.5			
			风表	满足中、低速风速测量	台	1	0.5			
			红外线测温仪		台	1	0.5			
			温度计	0 ℃～100 ℃	支	2	0.5			

表6（续）

项目	子项	类别	装备名称	要求及说明	单位	要求数量 大队所属中队	要求数量 独立中队	扣分标准	扣分	扣分原因
装备与设施（17分）	救援装备（8分）	矿山救护小队基本装备配备	氧气瓶	2 h、4 h 氧气呼吸器备用	个	4		0.5		
			灾区指路器	冷光管或者灾区强光灯	个	10		0.5		
			担架	防静电	副	1		0.5		
			采气样工具	包括球胆4个	套	2		0.5		
			保温箱	桶质	条	1		0.5		
			液压起重器	或者起重气垫	套	1		0.5		
			防爆工具	锯、锤、斧、镐、钎、起钉器等	套	1		0.5		
			电工工具	—	套	1		0.5		
			瓦斯工具	—	套	1		0.5		
			皮尺	10 m	个	1		0.5		
			卷尺	2 m	个	1		0.5		
			钉子包	内装常用钉子各1 kg	个	2		0.5		
			信号喇叭	一套至少2个	套	1		0.5		
			绝缘手套	—	副	2		0.5		
			救生索	长30 m，抗拉强度3000 kg	条	1		0.5		
			探险杖	—	个	1		0.5		
			负压夹板	或者充气夹板	副	1		0.5		
			急救箱	—	个	1		0.5		
			记录本	—	本	2		0.5		
			记录笔	—	支	2		0.5		
			备件袋	内装防雾液、各种易损坏件等	个	1		0.5		

表6（续）

项目	子项	类别		装备名称	要 求 及 说 明	单位	要求数量		扣分标准	扣分	扣分原因
							大队所属中队	独立中队			
装备与设施（17分）	救援装备（8分）	矿山救护队指战员个人基本装备配备	个人防护	4 h氧气呼吸器	正压，全面罩	台	1	2			
				自救器	压缩氧	台	1	0.5			
				救援防护服	带反光标志，防静电	套	1	1			
				胶靴	防砸，防扎	双	1	1			
				毛巾	棉质	条	1	0.5			
				安全帽	—	顶	1	0.5			
				矿灯	本质安全型	盏	1	0.5			
			装备工具	手表	副小队长以上指挥员配备，机械表	块	1	0.5			
				移动电话	副小队长以上指挥员配备	部	1	0.5			
				手套	布手套、线手套、防割刺手套各1副	副	3	0.5			
				灯带	—	条	2	0.5			
				背包	装救援防护服，棉质或者其他防静电布料	个	1	0.5			
				联络绳	长2 m	根	1	0.5			
				粉笔	—	支	2	0.5			

表7　技术装备的维护保养和设施评分表

项目	子项	标　准　要　求	评分办法	扣分	扣分原因
装备与设施（17分）	技术装备的维护保养（5分）	a）正压氧气呼吸器：按照氧气呼吸器说明书的规定标准，检查其性能	按要求对个人、小队、中队装备的维护保养情况进行全面检查，对小队及个人装备的抽检率应达到50%以上；发现1台（件、处）不合格扣0.5分；该项总扣分值按抽检扣分值除以抽检率计算，最高不超过该项标准分		
		b）自动苏生器：自动肺工作范围在12次/min~16次/min，氧气瓶压力在15 MPa以上，附件、工具齐全，系统完好，不漏气；气密性检查方法：打开氧气瓶，关闭分配阀开关，再关闭氧气瓶，观看氧气压力下降值，大于0.5 MPa/min为不合格			
		c）氧气呼吸器校验仪：按说明书检查其性能			
		d）光学瓦斯检定器：整机气密、光谱清晰、性能良好、附件齐全、吸收剂符合要求			
		e）多种气体检定器：气密、推拉灵活、附件齐全、检定管在有效期内			
		f）氧气便携仪：数值准确、灵敏度高			
		g）灾区电话：性能完好、通话清晰			
		h）氧气充填泵：专人管理、工具齐全，按规程操作，氧气压力达到20 MPa时，不漏油、不漏气、不漏水和无杂音，运转正常			
		i）矿山救护车：保持战备状态，车辆完好			
		j）值班车及装备库的装备要摆放整齐，挂牌管理，无脏乱现象。装备要有保养制度，放在固定地点，专人管理，保持完好			
		k）装备、工具：应有专人保养，达到"全、亮、准、尖、利、稳"的规定要求			
		l）救护队的装备及材料应保持战备状态，账、卡、物相符，专人管理，定期检查，保持完好			
	设施（4分）	设施应包括接警值班室、值班休息室、办公室、会议室、学习室、氧气充填室、装备室、装备器材库、车库、体能训练设施、宿舍、浴室、食堂和仓库等。独立中队除应有上述设施外，还应有修理室	每缺少1项设施扣1分		

表8 大队所属中队和独立中队标准化考核业务工作项目评分表

项目	子项	标 准 要 求	评分办法	扣分	扣分原因	得分
业务工作(15分)	业务知识及战术运用(5分)	业务知识:依据相关法律、法规、标准要求的内容按百分制出题,由不少于2个小队人员参加考试	考试缺1人扣1分,不合格1人扣0.5分			
		战术运用:模拟事故现场,被检中队指挥员制定救援方案,30 min完成	方案不合理扣2分,超时扣1分			

业务知识考试成绩表

序号	姓名	成绩	序号	姓名	成绩	序号	姓名	成绩	
1			11			21			应参加考试人数:
2			12			22			
3			13			23			
4			14			24			实际参加考试人数:
5			15			25			
6			16			26			
7			17			27			不及格人数:
8			18			28			
9			19			29			
10			20			30			

项目	子项	标 准 要 求	评分办法	扣分	扣分原因	得分
	仪器操作(10分)	a)4 h正压氧气呼吸器(1分):1)应知:仪器的构造、性能、各部件名称、作用和氧气循环系统,2)应会:设置5个故障,在30 min内正确判断并排除	1)应知:提问每错1题扣0.2分。2)应会:判断错误或未排除1处扣0.5分,超时扣0.4分			
		b)4 h正压氧气呼吸器更换氧气瓶(1分):60 s按程序完成	操作不正确扣1分,超时扣0.4分			

表 8（续）

项目	子项	标 准 要 求	评分办法	扣分	扣分原因	得分
业务工作（15分）	仪器操作（10分）	c）4 h正压氧气呼吸器更换2 h正压氧气呼吸器（1分）：1）应知：仪器的构造、性能、各部件名称、作用和氧气循环系统。2）应会：能熟练将4 h正压氧气呼吸器更换成2 h正压氧气呼吸器，30 s按程序完成	1）应知：提问每错1题扣0.2分。2）应会：操作不正确扣0.5分，超时扣0.4分			
		d）自动苏生器（1分）：1）应知：仪器的构造、性能、使用范围、主要部件名称和作用。2）应会：苏生器准备60 s完成	1）应知：提问每错1题扣0.2分。2）应会：操作不正确扣0.5分，超时扣0.4分			
		e）氧气呼吸器校验仪（1分）：1）应知：仪器的构造、性能、各部件名称、作用，检查氧气呼吸器各项性能指标。2）应会：正确检查氧气呼吸器	1）应知：提问每错1题扣0.2分。2）应会：检查不正确每项扣0.5分			
		f）光学瓦斯检定器（1分）：1）应知：仪器的构造、性能、各部件名称、作用，吸收剂名称。2）应会：正确检查甲烷和二氧化碳	1）应知：提问每错1题扣0.2分。2）应会：操作或读数不正确扣0.5分			
		g）多种气体检定器（1分）：1）应知：仪器的构造、性能、各部件名称、作用。2）应会：正确检查一氧化碳三量（常量、微量、浓量）及其他气体	1）应知：提问每错1题扣0.2分。2）应会：读数、换算，不正确扣0.5分			
		h）氧气便携仪（1分）：1）应知：仪器的构造、性能、各部件名称及作用。2）应会：正确检查氧气含量	1）应知：提问每错1题扣0.2分。2）应会：检查不正确扣0.5分			

表 8（续）

项目	子项	标 准 要 求	评分办法	扣分	扣分原因	得分
业务工作 (15分)	仪器操作 (10分)	i）压缩氧自救器（1分）：1）应知：自救器的构造、原理、作用性能、使用条件及注意事项。2）应会：正确佩用	1）应知：提问每错1题扣0.2分。2）应会：佩用不正确扣0.5分			
		j）灾区电话（1分）：1）应知：灾区电话的构造、性能、各部件名称及作用。2）应会：使用正确	1）应知：提问每错1题扣0.2分。2）应会：使用不正确扣0.5分			

表 9　大队所属中队和独立中队标准化考核救援准备项目评分表

项目	子项	标 准 要 求	评分办法	扣分	扣分原因	得分
救援准备 (5分)	闻警集合	值班小队集体住宿，24 h值班	值班小队少1人，扣1分；少于6人或未24 h值班，该项无分			
		接到事故电话召请时，值班员应立即按下预警铃	不打预警铃扣0.5分			
		值班员在记录发生事故单位名称和事故地点、时间、类别、遇险人数及通知人姓名、单位、联系电话后，立即发出警报，并向值班指挥员报告	记录内容错误、不全或缺项，每处扣0.5分			
		值班小队闻警后，立即集合，面向指挥员列队，小队长清点人数，值班员向带队指挥员报告事故情况，指挥员布置任务后，立即发出出动命令	未按规定程序出动，缺1个程序扣0.5分			
		值班小队在事故预警铃响后立即开始进行出动准备，在警报发出后1 min内出动。不需要乘车出动的，不应超过2 min。计时方法：自发出事故警报起，至救护车出发为止；不需乘车时，至最后一名队员携带装备入列为止	出动时间超过规定扣1分			

表 9（续）

项目	子项	标 准 要 求	评分办法	扣分	扣分原因	得分
救援准备（5分）	闻警集合	在值班小队出动后，待机小队 2 min 内转为值班小队	待机小队转为值班小队超过规定时间扣 1 分			
		接到矿井火灾、瓦斯和煤尘爆炸、煤（岩）与瓦斯（二氧化碳）突出等事故通知，应当至少派 2 个救护小队同时赶赴事故地点	出动队次不符合规定扣 2 分			
		救护队出动后，接班人员应当记录出动小队编号及人数、带队指挥员、出动时间、记录人姓名，并向救护队主要负责人报告。救护队主要负责人应当向单位主管部门和省级矿山救援管理机构报告出动情况	未按规定报告，扣 0.5 分			
	入井准备	按规定，根据事故类别带齐救援装备	小队少 1 人扣 1 分，少于 6 人该项无分。小队和个人装备每缺少 1 件扣 1 分			
		指战员着防护服、带装备下车	1 人不着防护服扣 1 分			
		领取、布置任务	顺序颠倒、漏项、漏报或报告内容错误，每处扣 0.5 分			
		正确进行氧气呼吸器战前检查（包括自检和互检），并做好入井准备，2 min 内完成	战前检查按照实战要求进行，超过规定时间扣 0.5 分。战前检查操作不正确 1 人次扣 0.5 分			

表10 大队所属中队和独立中队标准化考核医疗急救项目评分汇总表

项目	子　项	标准分	扣分	得分
医疗急救(5分)	急救器材	1		
	心肺复苏基本知识及操作	2		
	伤员急救包扎转运模拟训练	2		

表11　急救器材评分表

项目	子项	器　材　名　称	要　　求	单位	要求数量	扣分标准	扣分	扣分原因
医疗急救(5分)	急救器材(1分)	矿山救护中队急救器材基本配备	模拟人	—	套	1	0.5		
			背夹板	—	副	4	0.5		
			负压夹板	或者充气夹板	套	3	0.5		
			颈托	大、中、小号各2副	副	6	0.5		
			聚酯夹板	或者木夹板	副	10	0.5		
			止血带	—	个	20	0.5		
			三角巾	—	块	20	0.5		
			绷带	—	m	50	0.5		
			剪子	—	个	5	0.5		
			镊子	—	个	10	0.5		
			口式呼吸面罩/隔离膜	口对口人工呼吸用面罩	个	5/50	0.5		
			医用手套	—	副	20	0.5		
			开口器	—	个	6	0.5		

表 11（续）

项目	子项	器 材 名 称	要 求	单位	要求数量	扣分标准	扣分	扣分原因
医疗急救（5分）	急救器材（1分）	矿山救护中队急救器材基本配备	夹舌器	—	个	6	0.5		
			伤病卡	—	张	100	0.5		
			相关药剂	碘伏、消炎药等	—	若干	0.5		
			医疗急救箱	—	个	1	0.5		
			防护眼镜	—	副	3	0.5		
			医用消毒大单	—	条	2	0.5		
		矿山救护小队急救器材基本配备	颈托	可调试	副	2	0.5		
			聚酯夹板	—	副	2	0.5		
			三角巾	—	块	10	0.5		
			绷带	—	m	5	0.5		
			消炎消毒药水	酒精、碘伏等	瓶	2	0.5		
			药棉	—	卷	2	0.5		
			剪子	—	个	1	0.5		
			衬垫	—	卷	5	0.5		
			冷敷药品	—	份	2	0.5		
			口式呼吸面罩/隔离膜	—	个	2/20	0.5		
			医用手套	—	副	2	0.5		
			夹舌器	—	个	1	0.5		
			开口器	—	个	1	0.5		
			镊子	—	个	2	0.5		
			止血带	—	个	5	0.5		
			无菌敷料	或无菌纱布	份	10	0.5		

表12 心肺复苏基本知识及操作评分表

项目	子项	标 准 要 求	评 分 办 法	扣分	扣分原因
医疗急救（5分）	心肺复苏基本知识及操作（2分）	心肺复苏基本知识及操作标准要求如下。 a）掌握心肺复苏（CPR）基本知识，能够正确对模拟人进行心肺复苏操作。 1）判定事发现场安全、配备个人防护装备后，开始施救。 2）快速判断伤员反应，确定意识状态，判断有无呼吸或呼吸异常（如仅仅为喘息），在5 s～10 s内完成。方法：轻拍或摇动伤员，并大声呼叫："您怎么了。"如果伤员有头颈部创伤或怀疑有颈部损伤，必要时才能移动伤员，对有脊髓损伤的伤员不要随意搬动。 3）呼救及寻求帮助。 4）将伤员放置心肺复苏体位。将伤员仰卧于坚实平面，施救队员跪于伤员肩旁。 5）判断有无动脉搏动，在5 s～10 s内完成。用一手的食指、中指轻置伤员喉结处，然后滑向同侧气管旁软组织处（相当于气管和胸锁乳突肌之间）触摸颈动脉搏动。 6）胸外心脏按压。①定位：队员用靠近伤员下肢手的食指、中指并拢，指尖沿其肋弓处向上滑动（定位手），中指端置于肋弓与胸骨剑突交界即切迹处，食指在其上方与中指并排。另1只手掌根紧贴定位手食指的上方固定不动；再将定位手放开，用其掌根重叠放于已固定手的手背上，两手扣在一起，固定手的手指抬起，脱离胸壁。②姿势：队	心肺复苏基本知识及操作评分办法如下。 a）心肺复苏基本知识回答不正确，1处扣0.4分。 b）未检查现场安全，扣0.4分。 c）未佩戴防护用品，扣0.4分。 d）未呼救及寻求帮助，扣0.4分。 e）伤员心肺复苏体位不正确，扣0.4分。 f）未对伤员进行脉搏判断，或判断方法不正确，扣0.4分。 g）未开放伤员呼吸道或开放方式不正确，扣0.4分。 h）未检查伤员口中异物，或清理异物方式不正确，扣0.4分。 i）未判断伤员有无呼吸或判断不正确，扣0.4分。 j）胸外按压的位置、幅度及按压方法不正确，扣0.4分。 k）胸外按压的次数、频率不正确，扣0.4分。 l）人工呼吸的吹气幅度、吹气频率不正确，扣0.4分。 m）伤员昏迷体位放置不正确，扣0.4分		

表 12（续）

项目	子项	标 准 要 求	评 分 办 法	扣分	扣分原因
医疗急救（5分）	心肺复苏基本知识及操作（2分）	员双臂伸直，肘关节固定不动，双肩在伤员胸骨正上方，用腰部的力量垂直向下用力按压。③频率：100 次/min～120 次/min。深度：成人 50 mm～60 mm。下压与放松时间比为 1∶1。 7）畅通呼吸道。①仰头举颏法（或仰头举颌法）：队员 1 只手的小鱼际肌放置于伤员的前额，用力往下压，使其头后仰，另 1 只手的食指、中指放在下颌骨下方，将颏部向上抬起。②下颌前移法（托颌法）：队员位于伤员头侧，双肘支持在伤员仰卧平面上，双手紧推双下颌角，下颌前移，拇指牵引下唇，使口微张。 8）开放气道时还应查看口腔内有无异物，若有异物，吹气前应先清除异物。 9）如果最初有颈动脉搏动而无呼吸或经 CPR 急救后出现颈动脉搏动而仍无呼吸，则应开始进行人工呼吸，人工呼吸的频率应为 10 次/min～12 次/min（不包括初始 2 次吹气）。 b）单人心肺复苏要求如下。 1）由同一个队员顺次轮番完成胸外心脏按压和口对口人工呼吸。 2）队员测定伤员无脉搏，立即进行胸外心脏按压 30 次，频率 100 次/min～120 次/min，然后俯身打开气道，进行 2 次连续吹气，再迅速回到伤员胸侧，重新确定按压部位，再做 30 次胸外心脏按压，如此循环操作。 3）进行 5 次循环（2 min 左右）后，再次检查脉搏、呼吸（要求在 5 s～10 s 内完成）。若无脉搏呼			

表 12（续）

项目	子项	标 准 要 求	评 分 办 法	扣分	扣分原因
医疗急救（5分）	心肺复苏基本知识及操作（2分）	吸，再进行 5 次循环，如此重复操作。 c）双人心肺复苏要求如下。 1）由两名队员分别进行胸外心脏按压和口对口人工呼吸。 2）其中 1 人位于伤员头侧，1人位于胸侧。按压频率仍为 100 次/min～120 次/min，按压与人工呼吸的比值仍为 30∶2，即 30 次胸外心脏按压给以 2 次人工呼吸。 3）位于伤员头侧的队员承担监测脉搏和呼吸，以确定复苏的效果。5 个周期按压和吹气循环后，若仍无脉搏呼吸，两名施救者进行位置交换			

表 13　伤员急救包扎转运模拟训练评分表

项目	子项	标 准 要 求	评 分 办 法	扣分	扣分原因
医疗急救（5分）	伤员急救包扎转运模拟训练（2分）	伤员急救包扎转运模拟训练标准要求如下。 掌握现场急救基本常识，能够对伤员受何种伤害、伤害部位、伤害程度进行正确的分析判断，并熟练掌握各种现场急救方法和处理技术。主要内容包括：能正确对伤员进行伤情检查和诊断，掌握止血、包扎、骨折固定以及伤员搬运等现场急救处理技术。由 3 人组成 1 个医疗急救小组，对指定的伤情进行处置，处置在 20 min 内完成。 a）检查事故现场，确保自身安全。施救前佩用个人防护装备。 b）初步评估伤员。如果伤员无	伤员急救包扎转运模拟训练评分办法如下。 a）操作队员和伤员不按要求着装或佩带装备，每少 1 件扣 0.4分。 b）超过时间扣 0.4分。 c）未检查现场安全，伤员矿工帽、矿灯、高筒胶鞋未脱下，每处扣 0.4 分。 d）对伤员未评估，评估程序不正确，扣 0.4 分。			

表 13（续）

项目	子项	标 准 要 求	评 分 办 法	扣分	扣分原因
医疗急救（5分）	伤员急救包扎转运模拟训练（2分）	反应，应进行心肺复苏（仅告知检查组，不进行具体操作）；如果有大出血，应同时控制大出血。 c）处理大出血。发现大出血应立即处置：用厚敷料直接压迫伤口，同时按压伤口外近心端的动脉止血点，并抬高伤肢，然后再用绷带加压包扎伤口。根据检查组提示，必要时在相应肢体近心端绑扎止血带。 d）详细评估伤员。检查头部（头皮、头发里伤口）—面部—颈部—胸部—腹部—腰部—骨盆—生殖器（检查生殖器区明显的外伤）—下肢（检查下肢是否瘫痪，询问伤员让其活动肢体，触摸伤员双足询问有无感觉）—上肢（检查上肢是否瘫痪，询问伤员让其活动肢体并与伤员握手检查其握力，触摸伤员双手询问有无感觉）—翻身检查背部（当检查后背伤时，3人同处一侧要统一口令，遵从1人指挥；1人位于伤员肩膀一侧，1人位于伤员臀部一侧，1人位于伤员膝盖一侧，同时轻轻翻转伤员）。检查伤员背部翻身后应检查伤员头枕部、颈后及脊柱区、肩胛区和臀部。最后检查手腕或颈部的标牌。 e）抗休克处理。轻轻松开伤员颈部，胸部及腰部过紧衣物（扣子、拉链、腰带等），保证伤员呼吸和血液循环更畅通。对无头颈或胸部伤的休克伤员一般采取头低脚高位，应将脚端垫高，以促进血液供应重要脏器；对有头颈伤或胸部伤的伤员，若无休克表现应垫高头端，若有休克表	e）如果需要心肺复苏，告知检查组，未告知扣0.4分。 f）按压动脉止血点位置错误，扣0.4分。 g）止血带未扎紧或自动松开，衬垫位置放错，未做止血标记，扣0.4分。 h）伤口未放无菌纱布或敷料，绷带未完全包住敷料，绷带打结方法错误，每处扣0.4分。 i）抗休克处理不正确或未进行，扣0.4分。 j）创伤处理顺序不正确，或处理方式不正确，扣0.4分。 k）对骨折处理不正确，扣0.4分。 l）夹板使用不当，夹板和衬垫放错位置或未加衬垫，每处扣0.4分。 m）固定骨折时绷带绑扎位置错误，应用绷带数量不足，每处扣0.4分。 n）需要时，没有应用三角吊带，或三角吊带使用错误，扣0.4分。 o）未给伤员盖保温毯，扣0.4分。 p）搬运伤员方法、顺序错误，扣0.4分/次		

表 13（续）

项目	子项	标准要求	评分办法	扣分	扣分原因
医疗急救（5分）	伤员急救包扎转运模拟训练（2分）	现则应保持平卧位。尽量保持伤员体温，盖保温毯。保持伤员情绪稳定，安抚伤员。 f）处理创伤。处理顺序：先处理烧烫伤，再处理创伤，最后处理骨折。用消毒纱布或敷料包扎伤口，烧烫伤应注意纱布是否需要湿润，注意手指间、足趾间及耳背等处必要的隔离，扭挫伤应冷敷或抬高伤肢，胸部穿透伤应封闭伤口，注意绷带的使用及正确使用三角吊带。 g）处理骨折的方法如下。 1）对于扭伤、拉伤急救，应抬高受伤部位，使肢体处于放松状态。用冰袋减轻肿胀疼痛感（使用冰袋时不能直接接触皮肤，把冰袋裹上毛巾或其他软布）。如扭伤部位在踝部，用绷带"8"字包扎踝关节。 2）若受伤肢体有严重的肿胀并有青紫瘀斑，则应怀疑骨折需按骨折对待。 3）处置颈椎损伤，应采用合适颈托；骨盆骨折用带状三角巾包扎固定；四肢骨折用夹板固定。 4）如怀疑头颅骨折，除包扎头部伤口外，还应抬高头端。 5）对于四肢骨折（除有肿胀、青紫瘀斑外还有伤肢的畸形和反常活动），夹板固定前均应专人用手固定骨折处两端保持肢体不动。 6）四肢骨折如为开放性骨折，应先包扎伤口，用敷料、纱布、绷带（最少包扎两圈）或带状三角巾包扎（如有动脉出血应先止血），然后再用夹板固定。 7）如为脊柱骨折，应3人共同			

表 13（续）

项目	子项	标 准 要 求	评 分 办 法	扣分	扣分原因
医疗急救（5分）	伤员急救包扎转运模拟训练（2分）	将伤员用平托法或滚身法抬上背夹板，若存在颈椎伤，则需专人扶伤员头部（或抬人前佩戴颈托）。 h）转运伤员的方法如下。 1）检查担架可靠性，1名队员俯卧担架上，两臂自然下垂，两名队员抬起担架测试。 2）3人搬动伤员时，均应位于伤员受轻伤的一侧，单膝着地，1人位于伤员肩膀一侧抬伤员头颈部和肩膀（若有颈椎损伤，应有专人扶伤员头部固定颈椎或提前佩戴颈托），1人位于伤员臀部一侧抬伤员臀部和背部，1名位于伤员膝盖一侧抬伤员膝盖和踝。统一遵从1人指挥，按照口令慢慢抬起，动作协调一致，发出口令同时轻轻移动到担架上，盖好保温毯。 3）可自行活动的伤员不需担架；休克或不能行走的伤员均应抬上担架，上肢有伤或昏迷伤员应悬吊固定上肢。 4）搬运顺序为先运送重伤员，再运送轻伤员			

表 14　大队所属中队和独立中队标准化考核技术操作项目评分汇总表

项目	子 项	标准分	扣分	得分
技术操作（13分）	挂风障	13		
	建造木板密闭墙			
	建造砖密闭墙			
	架木棚			
	安装局部通风机和接风筒			
	安装高倍数泡沫灭火机			

表 15 挂 风 障 评 分 表

项目	子项	标 准 要 求	评 分 办 法	扣分	扣分原因
技术操作(13 分)	挂风障(2 分)	挂风障标准要求如下。 a) 用 4 根方木架设带底梁的梯形框架,在框架中间用方木打一立柱。架腿、立柱应坐在底梁上。中柱上下垂直,边柱紧靠两帮。 b) 风障四周用压条压严,钉在骨架上。中间立柱处,竖压 1 根压条,每根压条不少于 3 个钉子,压条两端与钉子间距不应大于 100 mm。同一根压条上的钉子分布均匀(相差不应超过 150 mm)。 c) 同一根压条上的钉子分布大致均匀,底压条上相邻两钉的间距不小于 1000 mm,其余各根压条上相邻两钉的间距不小于 500 mm。钉子应全部钉入骨架内,跑钉、弯钉允许补钉。 d) 结构牢固,四周严密。 e) 4 min 完成	挂风障评分办法如下。 a) 不按规定结构操作扣 0.5 分。 b) 少 1 根立柱或结构不牢,该项无分(用 1 只手推,不能用力冲击)。 c) 每少 1 根压条扣 0.5 分。 d) 每少 1 个钉子、钉子未钉在骨架上、钉帽未接触到压板,每处扣 0.5 分。 e) 钉子距压条端大于 100 mm,每处扣 0.3 分。 f) 压条搭接或压条接头处间隙大于 50 mm,每处扣 0.3 分。 g) 中柱与两边柱的边距差 50 mm,中柱上下垂度超过 50 mm、边柱与帮缝大于 20 mm、长度大于 300 mm、障面孔隙大于 2000 mm², 每处扣 0.3 分(从压条距顶、帮、底的空隙宽度大于 20 mm 处始量长度,计算面积)。 h) 障面不平整,折叠宽度大于 15 mm,每处扣 0.3 分。 i) 同一根压条上,相邻两个钉子的间距不符合要求,每处扣 0.3 分。 j) 超过时间扣 0.5 分。 k) 未佩用氧气呼吸器、呼吸器故障、工伤、退出灾区不能完成任务,出现任一情况该项不得分;音响信号使用不正确,每次扣 0.3 分,丢失工具 1 件扣 0.3 分;与前项间隔的休息时间超时扣 0.5 分		

表 16 建造木板密闭墙评分表

项目	子项	标准要求	评分办法	扣分	扣分原因
技术操作（13 分）	建造木板密闭墙（2 分）	建造木板密闭墙标准要求如下。 a）骨架结构要求如下。 1）先用 3 根方木设一梯形框架，再用 1 根方木，紧靠巷道底板，钉在框架两腿上。 2）在框架顶梁和紧靠底板的横木上钉上 4 根立柱，立柱排列应均匀，间距在 380 mm～460 mm 之间（中对中测量，量上不量下）。 b）钉板要求如下。 1）木板采用搭接方式，下板压上板，压接长度不少于 20 mm，两帮镶小板，在最上面的大板上钉托泥板。 2）每块大板不少于 8 个钉子（可一钉两用），钉子应穿过 2 块大板钉在立柱上。每块小板不少于 1 个钉子，每个钉子要穿透 2 块小板钉在大板上。钉子应钉实，不可以空钉。 3）小板不准横纹钉，不可以钉劈（通缝为劈），压接长度不少于 20 mm。 4）托泥板宽度为 30 mm～60 mm，与顶板间距为 30 mm～50 mm，两头距小板间距不大于 50 mm，托泥板不少于 3 个钉子，两头钉子距板头不大于 100 mm，钉子分布均匀。 5）大板要平直，以巷道为准，大板两端距顶板距离差不大于 50 mm。 6）板闭四周严密，缝隙宽度不应超过 5 mm，长度不应超过 200 mm。 7）结构牢固。 c）10 min 完成	建造木板密闭墙评分办法如下。 a）骨架不牢、缺立柱、缺大板，边柱松动（用一手推拉边柱移位），边柱与顶梁搭接面小于 1/2，立柱断裂未采取补救措施的，该项无分。 b）立柱排列不均匀（间距不在 380 mm～460 mm 之间），扣 1 分。 c）大板压茬小于 20 mm，大板水平超过 50 mm，每处扣 0.3 分。 d）缺小板、小板横纹钉、小板钉劈、小板压茬小于 20 mm，每处扣 0.3 分。 e）大板钉子未钉在立柱上，小板未坐在大板上，少钉 1 个钉子、空钉或弯钉（可以补钉）、钉子未钉在大板上，钉帽与板面未接实（以钉帽与板之间能放进起钉器为准），每处扣 0.5 分。 f）未钉托泥板，扣 0.5 分。 g）托泥板与顶板或小板的间距、两头钉子与板头的间距超过规定、均匀误差大于 100 mm，每处各扣 0.3 分，少 1 个钉子扣 0.5 分。 h）板闭四周缝隙宽度超过 5 mm，且长度超过 200 mm，每处扣 0.3 分。 i）超过时间扣 0.5 分。 j）未佩用氧气呼吸器、呼吸器故障、工伤、退出灾区不能完成任务，出现任一情况该项不得分；音响信号使用不正确，每次扣 0.3 分，丢失工具 1 件扣 0.3 分；与前项间隔的休息时间超时扣 0.5 分		

表 17 建造砖密闭墙评分表

项目	子项	标准要求	评 分 办 法	扣分	扣分原因
技术操作（13分）	建造砖密闭墙（3分）	建造砖密闭墙标准要求如下。 a）密闭墙牢固、墙面平整、浆饱、不漏风，不透光，结构合理，接顶充实，30 min 完成。 b）墙厚 370 mm 左右，结构为（砖）一横一竖，不准事先把地找平。按普通密闭施工，可不设放水沟和管孔。 c）前倾、后仰不大于 100 mm（从最上一层砖两端的三分之一处挂 2 条垂线，分别测量 2 条垂线上最上及最下一层砖至垂线的距离，存在距离差即为前倾、后仰）。 d）砖墙完成后，除两帮和顶可抹不大于 100 mm 宽的泥浆外，墙面应整洁，砖缝线条应清晰，符合要求	建造砖密闭墙评分办法如下。 a）墙体不牢（用 1 只手推晃动、位移）；结构不合理（不按一横一竖施工或竖砖使用大半头）；墙面透光；接顶不实（接顶宽度少于墙厚的 2/3，连续长度达到 120 mm）；使用可燃性材料接顶；封顶前墙面内侧仍有人员。出现以上任一情况，该项无分。 b）墙面平整以砖墙最上和最下两层砖所构成的平面为基准面，墙面任何砖块凹凸，超过基准面的正负 20 mm，每处扣 0.3 分。检查方法：分别连接上宽、下宽各三分之一处，形成 2 条线，在 2 条线上每层砖各查 1 次。 c）前倾、后仰大于 100 mm 扣 1 分。 d）砖缝应符合要求。每有 1 处大缝、窄缝、对缝各扣 0.3 分，墙面泥浆抹面扣 0.5 分。 e）超过时间扣 0.5 分。 f）未佩用氧气呼吸器、呼吸器故障、工伤、退出灾区不能完成任务，出现任一情况该项不得分；音响信号使用不正确，每次扣 0.3 分，丢失工具 1 件扣 0.3 分；与前项间隔的休息时间超时扣 0.5 分。 注 1：砖缝大于 15 mm 为大缝（水平缝连续长度达到 120 mm 为 1 处，竖缝达到 50 mm 为 1 处）。 注 2：砖缝小于 3 mm 为窄缝（水平缝连续长度达到 120 mm 为 1 处，竖缝达到 50 mm 为 1 处）。 注 3：上下砖的缝距小于 20 mm 为对缝。 注 4：紧靠两帮的砖缝不能大于 30 mm（高度达到 50 mm），否则，按大缝计。 注 5：接顶处不足一砖厚时，可用碎石砖瓦等非燃性材料填实，间隙宽度大于 30 mm，高度大于 30 mm 时为大缝；若该大缝的水平长度大于 120 mm 时为接顶不实		

表 18　架 木 棚 评 分 表

项目	子项	标准要求	评分办法	扣分	扣分原因
技术操作（13分）	架木棚（3分）	架木棚标准要求如下。 a）结构牢固、亲口严密，无明显歪扭，叉角适当。 b）棚距 800 mm ~ 1000 mm，两边棚距（以腰线位置量）相差不超过 50 mm，一架棚高，一架棚低或同一架棚的一端高一端低，相差均不应超过 50 mm，6 块背板（两帮和棚顶各 2 块），楔子准备 16 块。 c）棚腿应做"马蹄"状。 d）棚腿窝深度不少于 200 mm，工作完成之后，应埋好与地面平，棚子前倾后仰不超过 100 mm。 e）棚腿大头向上，亲口间隙不应超过 4 mm，后穷间隙不应超过 15 mm，梁腿亲口不准砍，不准砸。 f）棚子叉角范围为 180 mm ~ 250 mm（从亲口处作一垂线 1 m 处到棚腿的水平距离），同一架棚两叉角相差不应超过 30 mm，梁亲口深度不少于 50 mm，腿亲口深度不少于 40 mm，梁刷头应盖满柱顶（如腿径小于梁子直径，则两者中心应在 1 条直线上）。 g）棚梁的 2 块背板压在梁头上，从梁头到	架木棚评分方法如下。 a）结构不牢（用 1 只手推动位移），该项无分。 b）亲口间隙超过 4 mm（用宽 20 mm、厚 5 mm 的钢板插入 10 mm 为准），梁头与柱间隙（后穷）超过 15 mm（用宽 20 mm、厚 16 mm 的方木插入 10 mm 为准）均为亲口不严，每发现 1 处扣 0.3 分。 c）叉角不在 180 mm ~ 250 mm 范围，同一架棚两叉角直差超过 30 mm，每处扣 0.3 分。 d）砍砸棚梁或棚腿接口，少 1 个楔子，楔子松动，楔子使用位置不正确，同点打双楔，每处扣 0.5 分。 e）棚腿大腿朝下，背板少 1 块，每处扣 0.5 分。 f）棚距不在 800 mm ~ 1000 mm 范围内（以两腿中心测量），扣 0.5 分。两帮棚距相差超过 50 mm 扣 0.5 分，木棚一架高一架低超过 50 mm，每处扣 0.5 分。 g）棚腿未作"马蹄"状，每个扣 0.5 分，柱窝未埋出地面，每处扣 0.5 分。 h）背板位置不正确，每处扣 0.3 分。 i）棚子明显歪扭（以每架棚为 1 处），梁或腿歪扭差大于 50 mm，每处扣 0.3 分。棚梁或棚腿亲口深度不当，每处扣 0.3 分。 j）每架棚前倾后仰超过 100 mm，扣 0.3 分。检验方法：在两棚距地面 300 mm 处拉 1 条线，从棚梁中点向下吊 1 条线，线与水平连线的水平距离，即为前倾后仰的检测距离。		

表 18（续）

项目	子项	标 准 要 求	评 分 办 法	扣分	扣分原因
技术操作（13 分）	架木棚（3 分）	背板外边缘距离不大于 200 mm，两帮各两块背板，从柱顶到第 1 块背板上边缘的距离应大于 400 mm、小于 600 mm，从巷道底板到第 2 块背板下边缘的距离，应大于 400 mm、小于 600 mm。 h）1 块背板打 2 块楔子，楔子使用位置正确，不松动，不准同点打双楔。 i）30 min 完成	k）超过时间扣 0.5 分。 l）未佩用氧气呼吸器、呼吸器故障、工伤、退出灾区不能完成任务，出现任一情况该项不得分；音响信号使用不正确，每次扣 0.3 分；丢失工具 1 件扣 0.3 分；与前项间隔的休息时间超时扣 0.5 分		

表 19　安装局部通风机和接风筒评分表

项目	子项	标 准 要 求	评 分 办 法	扣分	扣分原因
技术操作（13 分）	安装局部通风机和接风筒（2 分）	安装局部通风机和接风筒标准要求如下。 a）安装和接线正确。 b）风筒接口严密不漏风。 c）现场做接线头，局部通风机动力线接在防爆开关上，操作人员不限，使用挡板、密封圈。 d）带风逐节连接 5 节风筒，每节长度为 10 m，直径不小于 400 mm；采用双反压边接头，吊环向上一致。 e）8 min 完成	安装局部通风机和接风筒评分办法如下。 a）安装与接线不正确，每处扣 0.5 分。 b）接头漏风，每处扣 0.5 分。 c）事先做好线头，不使用挡板、密封圈，该项无分。 d）不带风连接风筒，该项无分；未逐节连接风筒，扣 0.5 分。 e）不采用双反压边接头，吊环错距大于 20 mm，每处扣 0.3 分。 f）未接地线或接错，该项无分。 g）超过时间扣 0.5 分。 h）未佩用氧气呼吸器、呼吸器故障、工伤、退出灾区不能完成任务，出现任一情况该项不得分；音响信号使用不正确，每次扣 0.3 分，丢失工具 1 件扣 0.3 分；与前项间隔的休息时间超时扣 0.5 分		

表 20 安装高倍数泡沫灭火机评分表

项目	子项	标 准 要 求	评 分 办 法	扣分	扣分原因
技术操作（13分）	安装高倍数泡沫灭火机（1分）	安装高倍数泡沫灭火机标准要求如下。 a）在安装地点备好1台防爆磁力启动器、3个防爆插座开关、连好线的四通接线盒、带电源的三相闸刀（或空气开关）及水源。 b）将高泡机、潜水泵、配制好的药剂、水龙带等器材运至安装地点，进行安装。防爆四通接线盒的输入电缆要接在磁力启动器上，磁力启动器的输入电缆接在三相闸刀电源上，两处接线头应现场做。风机、潜水泵与四通接线盒之间均采用事先接好的防爆插销、插座开关连接和控制，接线、安装应符合防爆要求。 c）安装完成后，送电开机，发泡灭火。 d）15 min 完成	安装高倍数泡沫灭火机评分办法如下。 a）不能发泡、地线接错，接线未接完或磁力启动器盖子上的螺丝未全部上完就送电开机、接线电缆没有密封圈、风机安装颠倒，未将火扑灭，发现上述情形之一者，该项无分。 b）接线不正确（线头绕向错误），每处扣0.3分。 c）螺丝未上紧（凡用工具上的螺丝，用手能扭动为未上紧），每处扣0.5分。 d）螺丝垫圈，压线金属片，每缺1件扣0.3分。 e）发泡不满网的三分之二扣0.5分。 f）BGP200型高倍数泡沫灭火机单机运转或风机反转，各扣1分。 g）超过时间扣0.5分。 h）未佩用氧气呼吸器、呼吸器故障、工伤、退出灾区不能完成任务，出现任一情况该项不得分；音响信号使用不正确，每次扣0.3分，丢失工具1件扣0.3分；与前项间隔的休息时间超时扣0.5分		

表 21 大队所属中队和独立中队标准化考核综合体质项目评分表

项目	子 项	标准要求	评分办法	扣分	扣分原因	得分
综合体质（10分）	a）引体向上（0.5分）	正手握杠，下颌过杠，连续8次	a）第 a）～ h）小项，1 名队员不参加或达不到标准扣0.5分。b）第 i）～ k）小项，1 名队员不参加或达不到标准扣2分；查看中队平时训练记录，未按规定进行训练，扣2分。c）小项训练器械缺损或不符合标准（检力器标准：重量20 kg，拉距为 1.2 m），该小项不得分			
	b）举重（0.5分）	杠铃重 30 kg，连续举 10 次				
	c）跳高（0.5分）	1.1 m				
	d）跳远（0.5分）	3.5 m				
	e）爬绳（0.5分）	爬高3.5 m				
	f）哑铃（0.5分）	8 kg（2 个）上、中、下各 20 次				
	g）负重蹲起（0.5分）	负重为 40 kg 的杠铃，连续蹲起15 次				
	h）跑步（0.5分）	2 km，10 min 完成				
	i）激烈行动（2分）	佩用氧气呼吸器，按火灾事故携带装备，8 min 行走1 km，不休息，150 s 拉检力器80 次				
	j）耐力锻炼（2分）	佩用氧气呼吸器负重15 kg，4 h 行走 10 km				
	k）高温浓烟训练（2分）	在演习巷道内，40 ℃ 的浓烟中，25 min 每人拉检力器80 次，并锯两块直径 160 mm ～ 180 mm 的木段				

表22　大队所属中队和独立中队标准化考核准军事化操练项目评分表

项目	子项	标准要求	评分办法	扣分	扣分原因	得分
准军事化操练（8分）	风纪、礼节（2分）	全队人员统一整齐着制服，正确佩戴标志（肩章、臂章、领花、帽徽），帽子要戴端正，不得留长发、胡须，不得佩戴首饰；全体指战员做到服从命令，听从指挥	发现1人不符合规定扣0.5分，未统一着装扣2分			
	队容（6分）	队容考核标准要求。 a）队列操练由中队指挥员指挥，由不少于2个建制小队共同完成。 b）队列操练由领队指挥员在场外（指定位置）整理队伍，跑步进入场地至各项操练完毕。 c）项目操练按照排列顺序依次进行，不能颠倒。 d）除领取与布置任务、整理服装外，其余各单项均操练两次。 e）行进间队列操练时，行进距离不小于10 m（步伐变换时要求两种步伐的总行进距离不小于10 m，纵队队形和方向变化除外）。 f）操练完毕，领队指挥员向首长请示后，将队列成纵队跑步带出场地结束。 g）指挥员要做到以下4点。 1）指挥位置正确。 2）姿态端正，精神振作，动作准确。 3）口令准确、清楚、洪亮。 4）清点人数，检查着装，严格要求，维护队列纪律	队容考核评分办法。 a）少于2个标准建制小队，扣3分。 b）指挥员位置不正确，1处扣0.5分。 c）队列操练项目，每缺1项扣1分，各单项少做1次扣0.5分；项目之间或单项内前后顺序颠倒，每次扣0.5分。 d）行进距离小于10 m，扣0.5分			

表 22（续）

项目	子项	标 准 要 求	评 分 办 法	扣分	扣分原因	得分
准军事化操练（8分）	队容（6分）	a）领取与布置任务标准要求。 1）领队指挥员整好队伍后，应跑步到首长处报告及领取任务，再返回向队列人员简要布置任务。 2）报告前和领取任务后向首长行举手礼。 3）领队指挥员在报告和向队列人员布置任务时，队列人员应成立正姿势，不许做其他动作。 4）在各项操练过程中，不许再分项布置任务和用口令、动作提示。 5）领队指挥员报告词："报告！×××救护队操练队列集合完毕，请首长指示！报告人：队长×××！"首长指示词："请操练！"接受指示后回答："是！"行礼后返回队列前，向队列人员简要布置操练的项目	指挥员在操练过程中有口令和动作提示，1 次扣 0.5 分；队列人员每有 1 人次动作不正确，扣 0.3 分；报告词有漏项或报告词出现错误，每处扣 0.3 分			
		b）解散标准要求：队列人员听到口令后要迅速离开原位散开	每有 1 人次不按要求散开，扣 0.3 分			
		c）集合（横队）：标准要求。 1）队列人员听到集合预令，应在原地面向指挥员，成立正姿势站好。 2）听到口令应跑步按口令集合（凡在指挥员后侧人员均应从指挥员右侧绕行）	每有 1 人次不正确，扣 0.3 分			
		d）立正、稍息标准要求：按动作要领分别操练，姿势正确、动作整齐一致	每有 1 人次做错，扣 0.3 分			

表 22（续）

项目	子项	标　准　要　求	评　分　办　法	扣分	扣分原因	得分
准军事化操练（8分）	队容（6分）	e）整齐（依次为整理服装、向右看齐、向左看齐、向中看齐）标准要求：在整齐时，先整理服装一次（整理队帽、衣领、上口袋盖、军用腰带、下口袋盖）	每有 1 人次整理顺序错误或看齐动作与口令不符，扣0.3分			
		f）报数标准要求：报数时要准确、短促、洪亮、转头（最后一名不转头）	每有 1 人次报数不转头或报错数，扣0.3分			
		g）停止间转法（依次为向右转、向左转、向后转、半面向右转、半面向左转）标准要求：动作准确，整齐一致	每有 1 人次转错，扣0.3分			
		h）齐步走、正步走、跑步走（均为横队）标准要求：队列排面整齐，步伐一致	每有 1 人次走（跑）错，扣0.3分			
		i）立定标准要求：在齐步走、正步走和跑步走分别作立定动作时进行检查考核，要整齐一致	每有 1 人次做错，扣0.3分			
		j）步伐变换（依次为齐步变跑步、跑步变齐步、齐步变正步、正步变齐步）标准要求：按要领操练，排面整齐、步伐一致	每有 1 人次做错，扣0.3分			
		k）行进间转法（均在齐步走时向左转走、向右转走、向后转走）标准要求：队列排面整齐，步伐一致	每有 1 人次转（走）错，扣0.3分			
		l）纵队方向变换（停止间左转弯齐步走、右转弯齐步走，行进间右转弯走、左转弯走）标准要求：排面整齐，步伐一致	每有 1 人次单列行进、步伐错误，扣0.3分			

表 22（续）

项目	子项	标准要求	评分办法	扣分	扣分原因	得分
准军事化操练（8分）	队容（6分）	m) 队列敬礼（停止间）标准要求：排面整齐，动作一致	每有1人次做错，扣0.3分			
		n) 操练结束标准要求：领队指挥员报告词："报告！××救护队队列操练完毕，请首长指示！报告人：队长×××!"首长指示词："请带回!"接受指示后回答："是!"行礼后返回队列前，将队列成纵队跑步带出场地	报告词有漏项或报告词出现错误，每处扣0.3分			

表 23 大队所属中队和独立中队标准化考核日常管理项目评分表

项目	子项	标准要求	评分办法	扣分	扣分原因	得分
日常管理（10分）	值班室管理	电话值班室应装备录音电话机、报警装置、计时钟、接警记录簿、交接班记录簿、救护队伍部署图、服务区域矿山分布图、作息时间表和工作日程图表	每缺1种扣0.5分			
	规章制度	制定并落实中队指挥员值班、小队值班和待机、会议、学习和训练、氧气充填室管理、装备维护保养与管理、战备器材库管理、车辆使用及库房管理、事故救援总结讲评、评比检查、预防性安全检查、内务管理、考勤和奖惩等工作制度。独立中队除制定并落实上述制度外，还应制定并落实技术服务管理、财务管理、档案管理等工作制度	制度缺1项扣1分，1项制度未落实扣0.5分			

表 23（续）

项目	子项	标 准 要 求	评 分 办 法	扣分	扣分原因	得分
日常管理（10分）	任务管理	按照大队（独立中队）年度、季度和月度工作计划，制定各项工作任务分解表，明确责任分工、细化落实措施，并严格对照落实	未制定年度、季度和月度工作任务分解表各扣1分，未落实1项扣0.5分			
	记录管理	建立工作日志（包含会议、学习）、值班与交接班、训练（包含体能、技能、模拟演习等）、装备维护保养、评比检查（含标准化自评）、预防性安全检查、事故接警、事故救援、考勤和奖惩等记录，并保存1年及以上；工作日志由值班指挥员填写，其他记录按岗位责任制的要求填写。独立中队除建立上述各项记录外，还应建立培训、装备及设施更新、技术服务等记录，并保存1年及以上。保存人员信息、装备与设施、培训与训练、事故救援总结和工作文件等档案资料，保存3年及以上	缺1项记录或档案资料扣1分，记录不完整1项扣0.5分			
	各类检查	按计划到服务矿井进行熟悉巷道和预防性安全检查，绘出检查路线及通风系统示意图；每季度组织1次标准化自评	未按计划开展预防性安全检查扣1分，未绘制示意图扣0.5分；查看一整年的标准化自评资料，少开展1次扣1分			
	内务管理	室外环境舒适、整洁和畅通，室内保持干净、整齐、简便，宿舍、值班室物品悬挂一条线、床上卧具叠放一条线、洗刷用品摆放一条线	发现1项（处）不符合要求扣1分			

表 23（续）

项目	子项	标 准 要 求	评 分 办 法	扣分	扣分原因	得分
日常管理（10分）	独立中队管理	a）准军事化管理标准要求如下。 1）统一着装，佩戴矿山救援标志。 2）日常办公、值班、理论和业务知识学习、准军事化操练等工作期间，着制服。 3）技术操作、仪器操作、入井准备、医疗急救、模拟演习等训练期间，着防护服	未统一着装扣1分，未按规定配备服装扣1分			
		b）牌板管理标准要求：悬挂组织机构牌板、接警记录牌板和评比检查牌板	缺1种扣1分			
		c）劳动保障标准要求如下。 1）指战员应享受矿山采掘线作业人员的岗位工资、入井津贴和夜班补助等待遇。 2）佩用氧气呼吸器工作，应享受特殊津贴；在高温、烟雾和冒落的恶劣环境中佩用氧气呼吸器工作的，特殊津贴增加一倍。 3）所在单位除了执行医疗、养老、失业和工伤等职工保险各项制度外，还应为指战员购买人身意外伤害保险。 4）体检指标不适应岗位要求的，或者年龄达到规定上限但未达到退休年龄的，所在单位应另行安排适当工作	上述4项要求，未达到1项扣1分			